小康家园丛书

"十一五"国家重点图书出版规划

U0340282

水果食品加工法

主　　编：黄　刚　黄　良

副 主 编：王春娥　王一红　刘国绕

编写人员：丁建平　谭小迅　龚纯英　李　飞　孙小卫
　　　　　张小薇　张　琪　曾美霞　曾　强

湖南科学技术出版社

图书在版编目(CIP)数据

水果食品加工法/黄刚,黄良主编. ——长沙:湖南科学技术出版社,2010.8

(小康家园丛书)

ISBN 978－7－5357－6382－2

Ⅰ.①水… Ⅱ.①黄…②黄… Ⅲ.①水果加工 Ⅳ.①TS255.36

中国版本图书馆 CIP 数据核字(2010)第 163253 号

小康家园丛书

水果食品加工法

主　　编:黄　刚　黄　良
责任编辑:彭少富　欧阳建文
出版发行:湖南科学技术出版社
社　　址:长沙市湘雅路 276 号
　　　　　http://www.hnstp.com
邮购联系:本社直销科　0731－84375808
印　　刷:唐山新苑印务有限公司
　　　　　(印装质量问题请直接与本厂联系)
厂　　址:河北省玉田县亮甲店镇杨五侯庄村东 102 国道北侧
邮　　编:064101
出版日期:2017 年 10 月第 1 版第 2 次
开　　本:850mm×1168mm　1/32
印　　张:5.5
字　　数:128000
书　　号:ISBN 978－7－5357－6382－2
定　　价:22.00 元

前　言

　　我国是世界果树大国，是世界上果树起源最早、种类最多的原产地之一，堪称"水果故乡"。经过改革开放30多年的快速发展，我国现有水果150多种，2005年栽培面积已达到1003.5万公顷，产量8835.5万吨，成为世界第一大果品生产国。苹果、梨、桃、李和柿的产量均为世界之首；葡萄、柑橘、香蕉、菠萝和猕猴桃也居世界前5名。

　　但是，我国的果品贮藏与加工业却远未跟上果树种植业的发展，较发达国家相比也尚有很大的差距，与我国作为世界第一水果生产大国的地位颇不相称。我国果品加工量仅为全国水果总量的10％，人均果品占有量更低，加工起步较晚；品种单一，深加工综合利用程度较差、附加值较低；设备及加工技术落后，还处于初级发展阶段。

　　随着我国的水果逐年增产，水果生产已经成为发展农村经济的重要产业。如何充分利用我国水果的生产优势，提高竞争力，开展果品深加工综合利用将成为关键。发展适销对路的果品加工业，也将会带动水果加工、储藏、运输等相关行业的发展，进一步促进农村经济的发展。

　　为了促进水果加工技术的发展，编者编写了此书。本书详细介绍了以柑橘、橙、柚、苹果、梨、桃、杏、李、柿等水果为原料的135种水果制品的原料选择、工艺流程、制作方法、制品特点等，为读者提供实用、经济的水果食品加工技术。文字通俗易懂，技术可靠实用，适合果品生产企业、广大农户、果农及有关

经营人员参考使用，也适合广大家庭用户阅读，并可作为有关院校的教学参考资料。

　　本书在编写过程中参考了一些相关著作，包括互联网上的资料，在此一并致谢。由于作者水平有限，书中如有疏漏和不当之处，敬请读者批评指正。

编　者

2010 年 6 月

目　录

一、柑橘、橙、柚类制品

二、苹果、梨、桃类制品

三、杏、李类制品

五、山楂、葡萄、板栗类制品

六、青梅、橄榄、芒果类制品

七、菠萝、香蕉类制品

八、荔枝、龙眼类制品

一、柑橘、橙、柚类制品

（一）糖橘饼

1. 原料

橘子 100 千克、白砂糖 20 千克、石灰 5 千克、明矾 100 克、食盐 1 千克、白糖粉 200 克。

2. 工艺流程

原料选择→划缝去籽→硬化→脱灰→预煮→糖腌→糖渍→糖煮→干燥→上糖衣→包装→成品

3. 制作方法

（1）原料选择：选用果形较小，皮薄汁液少，九成熟的新鲜橘果为原料。剔除果皮发青、腐烂、生霉的果实。

（2）划缝去籽：用不锈钢刀沿橘果纵向等距划缝 4～6 条，深度可为橘径的 1/3，两端不要与橘柄和蒂部划通。然后，用沸水将橘果烫软，挤出种子，压成扁形饼状。

（3）硬化：先制好 3% 的石灰水，去渣，取上层清液，倒进装有压扁橘饼的缸中，浸泡 10～12 小时，待其稍变硬时即可，石灰水以淹没橘饼为度。

（4）脱灰：捞出橘饼，放入清水中漂洗除灰，并以清水泡 10～12 小时。在此期间每隔 4～6 小时换水一次。脱除石灰的苦涩味后，捞出，沥干水分。

（5）预煮：将脱过灰的橘饼放在含有 0.1% 明矾和 1% 食盐的沸水中煮烫 5～10 分钟。捞出后用冷水冷却，并入清水中浸泡

24 小时左右，捞出沥干水分。

（6）糖腌：用果重 20％的砂糖腌制预煮过的橘饼。糖腌时按一层橘饼一层糖的顺序，放入缸内，腌制 24 小时。

（7）糖渍：捞出橘饼，将糖液倒入锅内，加入果重 20％的砂糖，煮沸后倒入橘饼，再次煮沸后，将橘饼与糖液一起倒入缸中，糖渍 24 小时。

（8）糖煮：捞出糖渍的橘饼，调整糖液浓度至 60％，煮沸后，倒入橘饼煮制。另取果重 20％的砂糖配成 60％～65％的糖液备用。当橘饼煮沸 30 分钟后，分三次加入新配制的浓糖液。煮至糖液浓度达 78％，橘饼略透明时即可捞出沥干糖液。

（9）干燥：将沥干糖液的橘饼摆在烘盘上，送入烘房，在 55℃～60℃的温度下烘至不黏手为止。

（10）上糖衣：取出橘饼稍凉便可，整形成扁平圆饼状，最后撒拌干糖粉，即成为白色的成品。

（11）包装：将制成品再行整理，剔除碎屑和杂质，装入聚乙烯薄膜袋或衬有薄膜的纸箱、木箱内，进行包装储存。

4. 制品特点

本品为橘黄色或棕红色，半透明状，有光泽，果形扁平，形态完整，质柔韧，表面糖粉覆盖均匀，不黏手。酸甜，清香爽口，有橘子芳香气味，有顺气化痰作用。糖尿病人不宜食用。

（二）金橘饼

1. 原料

金橘 10 千克、白糖 5 千克、食盐 1.5 千克、石灰 1 千克。

2. 工艺流程

原料选择→原料处理→硬化漂水→定型、预煮→漂洗→糖渍→糖煮→冷却、再糖煮→包装

3. 制作方法

(1) 原料选择：选用无腐烂、无虫蛀、成熟度适当、颜色金黄的新鲜金橘做原料。

(2) 原料处理：将金橘倒入浓度为15%的食盐水中腌渍，使其不易腐烂，以延长加工日期。用不锈钢小刀纵向切5～7条长约1厘米的刀口，然后将果实挤压成扁形，用清水洗去橘核。

(3) 硬化漂水：将去核的果实放入浓度为10%的石灰水中漂洗，以使金橘坯子硬化。压干后，再以清水反复洗涤压干4次，以洗去残留的盐水和石灰水。

(4) 定型、预煮：经过上述处理后，将金橘坯子压扁定型，然后倒入夹层锅中预煮8分钟，以破坏酶的活性并抑制微生物的生长。

(5) 漂洗：将煮熟的坯子放入清水中漂洗5天，每天换一次干净水。

(6) 糖渍：按每10千克金橘坯用砂糖5千克的比例，先取1/3的砂糖制成热糖浆。再倒入金橘坯，糖渍1天。糖浆用量以淹没金橘坯为度。

(7) 糖煮：将金橘坯连同糖液倒入不锈钢锅内，再取1/3的砂糖加入，加热煮沸，将最后1/3的砂糖配成浓糖浆，倒入锅内，继续加热浓缩，至金橘果实全部透明、糖液温度达108℃～110℃时为止。

(8) 冷却、再糖煮：糖煮后，将坯子捞出摊平，使其自然冷却，然后再添加溶化后的白糖煮制坯子，使糖液均匀地浸渍于坯子之中，再将其晾干即为金橘饼。

(9) 包装：将冷却后的产品用聚乙烯塑料袋密封包装。

4. 制品特点

本品呈扁圆形花朵状，饼质滋润，组织饱满，略有韧性，独具金橘的芳香，且有止咳化痰作用。若产品过于硬而不化渣，表

明石灰水浓度过大或浸泡时间过长。

（三）青红橘皮丝

1. 原料

15千克白糖、10千克橘皮丝、0.1％山梨酸钾溶液。

2. 工艺流程

原料选择→原料处理→切丝→压汁→糖水浸丝→料丝着色→晾晒防腐→包装

3. 制作方法

（1）原料选择：选用新鲜、无病虫害的柑橘皮。干的也可做原料。

（2）原料处理：把挑选好的原料用清水冲洗干净，放在5％的漂白粉水溶液中浸泡保存。将浸泡好的柑橘皮用小刀轻轻地刮去橘皮里面的白皮，但千万不要刮穿果皮。

（3）切丝：把刮净白皮的柑橘皮放在阴凉通风处晾至半干，然后切成宽约2毫米的细长丝（越长越好）。

（4）压汁：将橘皮丝装在布袋里，用压板或榨油机榨去皮内剩余的汁液。

（5）糖水浸丝：压汁后的橘皮丝放在大瓷盆中，用糖水浸泡。按15千克白糖兑18千克温水的比例配制成糖水浸液，浸10千克橘皮丝。浸泡48～50小时，捞出放在筛子内沥去多余糖水（沥下的糖水下次还可适当加糖使用）。

（6）料丝着色：在浓度为30％～40％的糖水中加入适量的食用红色素或青色素，搅拌均匀，加热煮沸后，倒入橘皮丝染色。边煮，边搅拌，边检查，直至料丝放在冷水中浸泡不退色为止。注意火不能过猛，煮的时间不要太长，以防煮烂不成丝。

（7）晾晒防腐：将着色后的橘皮丝放在阴凉通风处。晾至半干时，喷0.1％的山梨酸钾，再晾至料丝干透为止。

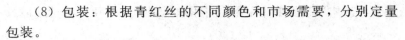

（8）包装：根据青红丝的不同颜色和市场需要，分别定量包装。

4. 制品特点

本品为红、绿双色丝状，具橘皮清香。青红丝是制作月饼馅、各种点心馅、高级面包夹料和各种高餐菜的辅料，具有开胃化痰的作用。

（四）柑橘果皮冻

1. 原料

蜜柑、白糖、琼脂、柠檬酸。

2. 工艺流程

原料处理→凝胶处理→加辅料→包装、冷却

3. 制作方法

（1）原料处理：将蜜柑人工剥皮、榨汁、过滤后去除渣和种子，得果汁待用。果汁用量看配方而定。

（2）凝胶处理：可用琼脂或海藻酸钠。如用琼脂，则重量为果汁重的 1％，因为柑橘汁含果胶不多，要适当加入琼脂。把琼脂用 20 倍水浸泡 8 小时，加温并不断搅拌，使其溶解成均匀的胶体溶液。

（3）加入白糖等辅料：果汁和凝胶剂混合，加入果汁重30％的白糖和 0.1％～0.2％食用柠檬酸，最后加入 0.05％山梨酸钾，共煮搅匀后，进行装罐。

（4）包装：采用四旋瓶趁热灌瓶加盖，或用塑料杯包装再加盖密封，然后在 100℃ 下杀菌 10 分钟。

（5）冷却：冷却后凝固即得成品。

4. 制品特点

本果冻制品呈透明或半透明冻状，嫩滑，芳香，甜酸可口，为老少皆宜的食品。该加工配方成本会高些，主要是因为需用较

多果汁。如果减少果汁用量,可用水代替部分果汁,不过这样风味会降低。

(五)柑橘酱

1. 原料

柑橘肉 10 千克、橘皮 0.6 千克、砂糖 4.5 千克。

2. 工艺流程

原料选择→原料处理→配料→加热浓缩→装罐密封→杀菌、冷却

3. 制作方法

(1)原料选择:选择含酸量较高,成熟、味浓的柑橘做原料。也可用做糖水橘子罐头时剔出的新鲜碎橘肉做原料。

(2)原料处理:将选用的橘果剔除腐烂、苦涩果,洗净后去皮、去核。将橘肉用打浆机打成浆状,或用孔径 2～3 毫米的绞肉机绞碎。保留果肉重 12％ 左右的无斑点橙红色橘皮,在 10％ 的盐水中煮沸两次,每次 30～45 分钟。再用清水漂洗 8～12 小时,期间要换 3～5 次水。取出榨去部分水分,与果肉一起绞碎打浆。浆体要红而匀。

(3)配料:碎橘肉 10 千克,碎橘皮 0.6 千克,充分混合,用绞肉机绞 2～3 次,再加砂糖 4.5 千克。

(4)加热浓缩:用夹层锅或真空浓缩锅浓缩。一般用夹层锅浓缩 30～60 分钟,在加热后 20～40 分钟内,分两次加糖。温度保持在 100℃ 左右。原料中果胶和酸不到 1％ 时,可适量加果胶和酸。如原料过稀,可加相当于酱体重量 0.1％ 的氯化钙,帮助凝冻。煮制时要不断搅拌,以防煮焦。当酱体温度达到 105℃～107℃,可溶性固形物达到 66％～68％ 时,即可出锅装罐。

(5)装罐密封:橘酱趁热装入预先消毒过的罐内,并在酱温不低于 80℃ 时密封。

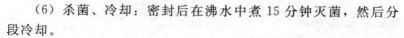

（6）杀菌、冷却：密封后在沸水中煮 15 分钟灭菌，然后分段冷却。

4. 制品特点

酱体金黄色或橙黄色，色泽均匀一致，具有橘酱的固有风味，无焦味或其他异味，组织呈现黏稠状，经稀释后允许有细小橘皮粒，糖度以转化糖计不低于 57%，可溶性固形物以折光计不低于 67%。

（六）橘皮膏

1. 原料

新鲜橘皮、冰糖、酸橘汁。

2. 工艺流程

橘皮预处理→配料→煮制→过滤→糖煮→装瓶

3. 制作方法

（1）橘皮预处理：选择无虫害新鲜红色橘皮，清洗干净，去蒂、切碎。

（2）配料：每 500 克橘皮加 2.5 千克水，加酸橘汁 200 毫升。

（3）煮制：将混合料加热煮沸，至水蒸发一半。

（4）过滤：将料液进行过滤。

（5）糖煮：滤液加适量冰糖煎成浓膏。

（6）装瓶：趁热装瓶，封盖即成。

4. 制品特点

本产品有理气化痰、消滞健胃的功效，可治消化不良，胃腹胀满，寒性咳嗽等。

（七）橙汁或橘汁

1. 原料

生产橙汁的原料主要是甜橙，按果肉颜色分为金色的普通甜橙、脐橙和鲜红色的血橙。制汁原料要新鲜完整，如采摘时间太长，易造成果实水分蒸发、新鲜度降低、酸度降低、糖含量升高、维生素损失。

2. 工艺流程

原料初选→原料清洗和分选→提取果汁→过滤→混合与加糖→脱气、去油→巴氏杀菌→均质→装罐、冷却

3. 制作方法

（1）原料初选：果实的成熟度对其汁液含量、可溶性固形物含量及芳香合成物含量都有影响。一般要求原料九成熟，色泽鲜艳，果香纯正浓郁，糖酸含量均高，香味较浓，汁液丰富。不能用烂果、落果、病虫损害的残次果，也不要使用苦味显著的品种。

（2）原料清洗和分选：为了防止榨汁时杂质进入果汁，必须将果实进行充分洗涤，一般采用喷水冲洗或流动水冲洗。对于农药残留较多的果实可将其浸入含洗涤剂的水中，再用水喷洗。洗涤后再检验一次果实，将病虫害果、未成熟果、枯果、受伤果剔除。

（3）提取果汁：橘类果实的外表中含有精油、萜品类物质而易产生萜品臭。果皮、内果皮和种子中存在大量的以柚皮苷为代表的黄酮类化合物和以柠碱为代表的柠烯类化合物，加热后，这些化合物由不溶性变为可溶性，使果汁变苦。榨汁时必须设法避免这些物质进入果汁。因此，不宜采用破碎压榨取汁法，而应采取逐个锥汁法。

（4）过滤：榨出的果汁中含有一些悬浮物，不仅影响果汁的

外观和风味，而且还会使果汁变质损坏，所以，要进行过滤。对于混浊果汁，是在保存色粒以获得色泽、风味和香味特性的前提下，除去分散在果汁中的粗大颗粒和悬浮粒。对于透明果汁，粗滤之后还需精滤，不仅要除去全部悬浮物，还需除去容易产生沉淀的胶粒。过滤的方法有两种：压力过滤和真空过滤。

（5）混合与加糖：为使果汁符合产品规格，要求改进风味，需要适当调整糖酸比例。一般认为果汁成品的糖酸比例在（13∶1）～（15∶1）为宜。调整糖酸比例的办法有：在鲜果汁中加入适量的白砂糖或食用柠檬酸，或将不同品种原料果汁混合。两种以上的果汁按比例混合，可以得到与单一果汁不同风味的饮料，从而得到补强的效果。

（6）脱气、去油：存在于果实细胞间隙中的氧、氮和呼吸作用的产物二氧化碳等气体，在加工过程中能以溶解态进入果汁中，加上果汁与空气接触，增加了气体含量，这样制得的果汁中会存在大量的氧等气体。不仅会使果汁中的维生素 C 受到破坏，而且各种成分产生反应会使香气和色泽恶化。这些不良影响加热时更为明显。所以在果汁加热杀菌前必须脱气，使氧的含量尽可能低。去氧的方法有：真空法、氮气交换法、酶法脱气和抗氧化剂法。

柑橘外皮精油对保证果汁最佳风味是必不可少的，然而若过量的果皮精油混入果汁，往往会产生异味，因此要控制精油的含量，即要进行去油处理。

（7）巴氏杀菌：橙汁的巴氏杀菌不仅能消灭腐败菌，而且可使能引起化学反应的酶类（果胶酶等）钝化。为了既达到杀菌目的，又尽可能降低对果汁品质的影响，就必须选择合理的加热温度和时间。一般采用 93℃±2℃ 保持 15～30 秒，特殊情况可用 120℃以上 3～10 秒的瞬间杀菌法。

（8）均质：均质是混浊果汁制作中的特殊操作，多用于玻璃

包装的产品。果汁通过均质设备，使果汁中所含的粒子进一步破碎并且大小均一，促进果胶的渗出，使果胶和果汁亲和均匀而稳定地分散于果汁中，从而获得有一定混浊度，但不会分离和沉淀的果汁。

均质常用高压均质机或胶体磨等设备。使用高压均质机时，柑橘汁通入后，其中悬浮颗粒在高压状态下被破碎，被强制通过均质机的 0.002～0.003 毫米孔径的小孔，分裂成更细小的颗粒，均匀而稳定地分散在柑橘汁中。

（9）装罐、冷却：经杀菌的果汁（温度约 85℃）用泵送到料桶，直接灌入罐中。果汁在料桶里的停留时间不得超过 1～2 分钟，以减少风味的变化。装罐封口后倒立放置 20 分钟，以便用果汁的温度对封口盖进行灭菌。然后喷淋冷水，冷至 38℃ 以下。

4. 制品特点

本品呈黄色或橙黄色，具有橙子芳香，具天然果汁的混浊，口味纯正酸甜。

（八）柑橘果丹皮

1. 原料

柑橘果皮、白砂糖、柠檬酸、食用胶等。

2. 工艺流程

原料预处理→成浆→真空浓缩→配料→凝冻切块→热风烘干→包装

3. 制作方法

（1）原料预处理：先将柑橘或橙洗净以除去果皮表面杂质，剥皮后将果皮放入同重量的沸水中预煮 9 分钟以上，除去柑橘皮和橙皮中绝大部分苦涩味，并进一步除去果皮上残留农药，沥干水后用清水浸泡备用。

（2）成浆：先采用捣碎机将柑橘皮囊（橙皮囊）捣碎成泥状，然后添加适量水，并用间隙分别为 2 毫米、1 毫米、0.5 毫米、0.1 毫米的胶体磨逐步将柑橘皮囊（橙皮囊）泥磨成颗粒粒径小于 100 微米的柑橘皮囊（橙皮囊）浆料。

（3）真空浓缩：用浓浆泵将柑橘皮囊（橙皮囊）浆料泵入真空浓缩装置中。在真空度 50 毫米汞柱、温度 60℃ 以下的环境中将柑橘皮囊（橙皮囊）浆料浓缩至 25 波美度左右，备用。

（4）配料：柑橘皮囊（橙皮囊）浆液必须合理搭配其他辅料才能成型，并使柑橘果丹皮产品达到最佳口感、风味和外观。先在搅拌状态下按一定比例将柑橘皮囊（橙皮囊）浆料、白砂糖、淀粉糖浆、柠檬酸、食用胶等加入冷热罐中并使其混合均匀，然后加热升温至 70℃ 并恒定于此温度。最佳原料配比为柑橘皮囊（橙皮囊）浆液 100 千克、白砂糖 40 千克、淀粉糖浆 60 千克、柠檬酸 0.6 千克、食用胶 1.2 千克，即柑橘皮囊（橙皮囊）浆液 49.6%、白砂糖 19.8%、淀粉糖浆 29.7%、柠檬酸 0.3%、卡拉胶 0.6%。

（5）凝冻切块：将配料后的浆料通过布料器放入长 600 毫米、宽 400 毫米、边沿高 20 毫米并事先刷油的不锈钢盘中，保持料液高度为 20 毫米左右。自然降温凝冻完全后，用电动切块机切成 30 毫米×20 毫米小块。凝冻初始温度控制在 65℃～70℃ 时所制得的柑橘果丹皮形状好、透明度高、果味浓。

（6）热风烘干及包装：先将柑橘（橙）皮糕湿料摆入不锈钢网中，然后送入热风烘干机中并在一定温度热风下进行烘干。综合考虑产品质量、耗电量及设备利用率，干燥温度确定为 50℃ 较适宜，烘干时间为 36 小时。烘干后出盘卸料，并用糯米纸和复合膜包装，即得柑橘果丹皮产品。

4. 制品特点

柑橘果丹皮色泽金黄，柔软透明，无颗粒感，果味浓郁，韧

性好，酸甜适宜，有典型柑橘皮（橙皮）香味。

（九）柑橘饮料

1. 原料

柑橘 900 克，白糖、蛋白糖、柠檬酸各适量。

2. 工艺流程

选料处理→热烫→打浆过滤→调配→杀菌→灌装

3. 制作方法

（1）选料处理：挑选充分成熟的柑橘，先用清水洗净，除去皮上的尘土与杀虫剂。

（2）热烫：将洗净的柑橘放入沸腾水中热烫 2 分钟，去皮、去络、去籽、剥瓣。

（3）打浆过滤：橘瓣放入打浆机，加 300 毫升水打浆，经纱布过滤，将滤渣再加水进行第二次打浆过滤，两次浆液合并。

（4）调配：根据个人需要，用适量白糖、蛋白糖和柠檬酸进行调味。

（5）杀菌、灌装、冷却：将调好味的柑橘汁液放入不锈钢锅内，加热煮沸 1 分钟后进行灌装，封盖，自然冷却至室温后，存入冰箱待用，摇匀即可饮用。

4. 制品特点

本制品为橙黄色浑浊液，酸甜可口，富含胡萝卜素、维生素 C、维生素 B_1、维生素 B_2、膳食纤维和钙、磷、铁等无机盐，具有开胃理气、润肺止咳等功效，还可治疗胸闷、呕逆、口渴、伤食、腹泻不止、肺热咳嗽、痰多等症状。同时还能降低胆固醇、防止动脉硬化，并有较强的抗癌作用。

（十）橘香露酒

1. 原料

柑橘皮、食用酒精、甜味剂。

2. 工艺流程

原料处理→磨细→浸泡→过滤→洗涤→过滤→烘培

3. 制作方法

（1）原料处理：将柑橘皮洗净切碎，果皮颗粒大小为1～8毫米，将湿粒置于烘干机中烘烤，期间不停翻动，使其均匀受热。温度控制在120℃～210℃，烤至颗粒呈深褐色为止，颗粒最好小于5毫米。

（2）研磨、浸泡：待烘好的粒料冷至室温，将其放入研磨机再磨细过筛，使粒子大小均匀。在室温下用食用酒精水溶液浸泡上述颗粒，溶液重为颗粒重的4～6倍。浸泡过程中不断搅拌。酒精浓度依需要而定，最好为30～60份酒精加70～40份水。浸泡几分钟后即可用压滤机过滤。

（3）露酒制备：第一次过滤的酒精溶液气味醇厚芬芳，颜色深褐，加入适量甜味剂（如蔗糖），克服轻微苦味即制成美味橘香露酒。

（4）二次过滤：过滤后的滤饼用冷水冲洗，100份颗粒料用15～50份或更多的水，再用压滤机二次过滤，回收的滤液含少量酒精，不苦不涩，有柑橘香味，是一种可口的饮料。加糖及二氧化碳气后，便制成柑橘汽酒，也可与牛奶、冰淇淋等混合，制成风味冷饮。

（5）制橘香茶：第二次过滤的湿饼在110℃～130℃温度下烘干。果皮颗粒大小均匀，颜色变淡，香味柔和，是一种很好的茶类饮料，即橘香茶。直接用热水冲泡即可得芳香宜人的饮料，也可制成方便饮料袋，或速溶橘粉和灌装冷饮。

4. 制品特点

制作橘香露酒和汽酒工艺简单，成本低廉，制品香味纯正，风味独特，具有保健作用。

（十一）柚皮糖

1. 原料

新鲜柚皮50千克、白糖25千克、食品添加剂适量。

2. 工艺流程

原料处理→糖液配制→浸制→干燥→包装

3. 制作方法

（1）原料处理：柚皮可选用七八成熟的甜柚或酸柚。剥取柚皮后，用刀剥去表面的青绿油胞层，切成0.4厘米左右厚的薄片，投入1%的白矾水中浸渍3～4小时，再捞出，投入沸水中煮约5分钟，捞出后加水漂洗，然后榨去水，再换清水漂洗，如此反复数次，直至口尝无苦味为止。

（2）糖液配制：将25千克白糖加入25千克水，配制成50%浓度糖液，在糖水中加入150克食用柠檬酸、1/10000柠檬黄食用色素、25克山梨酸钾。

（3）浸制：加入50千克柚皮，搅拌均匀，加热到沸腾并保持几分钟。这时柚皮会充分吸收糖液，也可能把糖液吸收完毕。

（4）干燥：在烤房中在60℃～65℃的温度下烘到半干。

（5）包装：用复合薄膜小包装。

4. 注意事项

在加工中所使用的糖除了白糖之外，还可使用麦芽糖或淀粉糖浆，总之要求制品不应出现返砂现象，保持产品透明或半透明状态。应注意保管，防止变色发霉。

柚皮糖如果作商品出售，为增加制品的美观，可在制品晒（或烘）至半干时进行着色处理，使其淡雅美观。色素采用植物食用色素，黄色用姜黄或栀子，红色用花红或苏木，绿色用叶绿素乙醇液。色素配成淡溶液后，将制品浸染，着色后仍需干燥，含水量不超过 18％ 即为成品。为了避免制品吸湿，以塑料袋密封为宜。

5. 制品特点

这种食品甜酸可口，呈浅黄色，外观透明或半透明，松软化口，有沙田柚芳香，老少皆宜，是适合产地加工的一种果脯蜜饯食品，颇受消费者欢迎。

（十二）沙田柚粒粒饮料

1. 原料

沙田柚 2 瓣，白糖、蛋白糖、柠檬酸、琼脂（即洋菜）各适量。

2. 工艺流程

分粒→配汁液→混合杀菌→成品

3. 制作方法

（1）分粒：将柚瓣投入沸盐水中煮 1 分钟，捞出放入凉水中，剥去瓣膜，去掉种子，放入 5～10 倍清水中，小心搅拌至柚瓣分离成粒粒，再捞出放入凉盐水中待用。

（2）配汁液：用糖加热水配成 8％ 的溶液，加入柠檬酸0.15％、琼脂 0.1％、蛋白糖 0.04％，加热煮沸，拌匀。

（3）混合杀菌：将柚瓣从淡盐水中捞出，用开水冲洗后装入玻璃瓶，倒入汁液，隔水煮沸 5 分钟，拿出冷却，摇匀，即可食用，或入冰箱保存。

4. 制品特点

本制品具有柚汁清香，酸甜可口，有开胃消食化气，化痰止咳，生津止渴，解酒之功效。柚子所含柚皮苷有消炎作用，能改善毛细管的通透性，对心血管疾病，尤其是血黏度高有防治功

效，并有降低血糖的作用。

（十三）柚囊果脯

1. 原料

柚子、白砂糖、食用氯化钙、蜂蜜、柠檬酸、苯甲酸钠。

2. 工艺流程

原料挑选→预处理→硬化→真空渗糖→常压渗糖→干燥→冷却→检测→包装→成品

3. 制作方法

（1）原料预处理：挑选成熟、果皮黄色的柚子，剥去皮、囊衣，剔除种子，把囊瓣置于 70℃ 热水中搅拌 2 分钟，使沙囊充分分散。

（2）硬化：把已分散的沙囊放入 5％氯化钙溶液中浸泡 8 小时，沙囊变硬、成白色不透明时取出，用清水适度漂洗，把表面氯化钙洗去，沥干。

（3）糖制：把砂糖放入糖度为 35 波美度的糖液中，搅拌均匀后，抽真空 0.080～0.087 兆帕，然后在室温常压下继续浸渍 8～10 小时。取出沙囊，稍沥去表面糖液，转置于含 0.3％柠檬酸、糖度为 50 波美度的糖液中，在室温常压下浸渍 8～10 小时后取出，浸渍到最后 1 小时，按体积加入 0.2 克/升苯甲酸钠，搅匀，继续浸渍 1 小时，取出用温开水冲洗表面糖液，沥干。然后将沙囊置于 80℃干燥 30 分钟，降温到 70℃，烘 80 分钟，取出。晾凉后抽真空包装即得成品。

4. 制品特点

本品为经过调整的柚果沙囊，香甜可口，风味独特。

（十四）天然橙皮软糖

1. 原料

橙皮、白砂糖、柠檬酸、琼脂等。

2. 工艺流程

脱苦→提胶→浆渣分离→凝胶剂处理→加糖→浓缩→倒盆→成型和切分→包糯米纸→烘干→包装

3. 制作方法

（1）脱苦：选用橙皮或未成熟的落地果果皮，洗净，加入10倍量的水煮沸5分钟，换水再煮，并以较多水浸渍，换水直至口尝无苦味为止。

（2）提胶：配制0.5%柠檬酸溶液，用量为果重的5倍，加进果皮中，用打浆机打成浆状，在不锈钢锅内加热，保持微微沸腾状态40～50分钟，并不断搅拌。

（3）浆渣分离：用布袋或压滤机过滤或压滤，目的是分离浆渣，取其滤液。

（4）凝胶剂处理：称取滤液重0.8%～1%的琼脂，用20倍水浸泡，小火加热至充分溶解成均匀胶体状态。

（5）加糖：称取与滤液重比例为1∶1的糖，其中含30%淀粉糖浆。例如：要加入50千克糖，那么其组成是15千克淀粉浆或葡萄糖浆，35千克白砂糖。将糖与滤液混合浓缩后，加入琼脂。

（6）浓缩：加入0.3%～0.4%柠檬酸和0.05%防腐剂山梨酸钾，加热浓缩。最后的固形物要求达到70%左右。

（7）倒盆：把浓浆液倒入浅盆内，自然冷却凝冻。

（8）成型和切分：凝冻后成大片状，厚度约0.8～1厘米。用机械切分成粒状或长方形糖果，长3.5厘米，宽1厘米左右。

（9）包糯米纸：每颗软糖包上一张糯米纸，两头留空。

（10）烘干：在 50℃ 下进行 40～50 小时干燥，至含水量为 16％～18％。

（11）包装：以玻璃纸包装或枕式包装。

4. 制品特点

本品外观透明或半透明，有弹性、韧性，风味甜酸，具柑橘芳香。

二、苹果、梨、桃类制品

（一）苹果脆饼

1. 原料

鲜苹果、砂糖、柠檬酸等。

2. 工艺流程

选料→清洗→切片→杀青→糖渍→沥干→冷冻→真空油炸→离心脱油→冷却→包装→成品

3. 制作方法

（1）清洗：用水洗去新鲜苹果上所黏附的灰尘、杂物等。

（2）切片：将洗净的果子置入切片机，切成厚 3～5 毫米的薄片，除去果芯、核等。

（3）杀青：将切好的苹果片放入 60℃～70℃ 水中做杀青处理。

（4）糖渍：根据苹果本身的糖酸度及消费者的需要，配制不同浓度的糖液浸泡果片。

（5）冷冻：沥干糖液后，置于冷冻室中进行冷冻处理。

（6）真空油炸：封闭油炸釜，抽取釜中空气直至接近真空状态，并把油加热至沸腾，将装有果片的油炸篮置入油炸釜进行油炸处理。

（7）离心脱油：由油炸釜取出油炸篮置入离心脱油机进行脱油。

（8）冷却：油炸之后的脆片以冷风冷却。

（9）包装：以不透气、不透水的容器包装，即为成品。

4. 产品特点

本品色泽微黄，天然风味较浓，酥脆可口，营养丰富，为居家旅游和娱乐场所之必备食品。

（二）苹果脯

1. 原料

鲜苹果 50 千克、白糖 30 千克、石灰 2.5 千克。

2. 工艺流程

选料→分级→去皮→切瓣→去籽巢→浸泡→抽空→糖煮→糖渍→烘烤→挑选→包装

3. 制作方法

（1）选料、分级：以选用新鲜饱满，九成熟，酸分偏多，褐变不显著的红玉、国光等品种为好。剔除病虫害果和腐烂果，按果实横径的大小分级，其中 75 毫米以上为一级，65～74 毫米为二级，64 毫米以下为三级。分级后的果品要分别进行加工处理。

（2）去皮、切瓣、去籽巢：洗净苹果后用去皮机旋去果皮，去皮厚度不得超过 1.2 毫米。二级、三级果纵切为 2 瓣，一级果纵切为 3 瓣，用果心刀挖净籽巢与梗蒂，修去残留果皮。

（3）浸泡：将切分好的苹果浸入 0.1％的氯化钙（或 1.5％的石灰液）和 0.3％的亚硫酸氢钠溶液中，进行硬化与护色处理，时间为 10～15 小时，肉质坚硬的苹果可不做硬化处理。经过处理的果瓣，要充分漂洗，脱除残留的化合物。

（4）抽空：用真空罐对果块进行真空处理，抽空液（糖水）的质量分数为 20％，温度为 40℃，糖水与果块之比为 1.2∶1，也即在真空罐中糖水以浸没果块为度。抽空时真空度为 93.325～95.992 千帕，抽空时间为 20～30 分钟，停止抽气恢复常压后静置浸泡 15 分钟。

（5）糖制：苹果组织较紧密，一般采用多次加糖一次煮成法煮制，即先在不锈钢夹层锅中配制质量分数为 35%～40% 的糖液 25 千克，煮沸后将处理过的 50～60 千克苹果瓣倒入。煮沸后浇入质量分数为 50% 的凉糖液 5 千克，如此反复 3 次，每次间隔约 10 分钟。待果块表面有皱纹出现，便可加糖煮制。加糖分 6 次进行，每次加糖都在沸腾时进行，每次间隔约 5 分钟。前两次各加糖 5 千克，中间两次各加糖 6 千克，并加入少量的冷糖液，使锅中的糖液暂时停止沸腾，因稍微降低温度，果块内部蒸汽压力减小，有利于渗糖脱水，加快糖制速度。第 5 次加糖 6 千克。第 6 次加糖 7 千克，煮制 20 分钟，当果肉呈浅黄色时，连同糖液倒入缸中，浸渍 48 小时，待果块透明发亮时，即可出锅烘烤干燥。

（6）烘烤：糖渍完毕后，将果块捞出，沥去果块表面糖液，放在烘盘内，送入烤房进行干燥，以蒸发水分，提高含糖量。烘房温度应控制在 60℃～70℃，烘烤期间进行两次翻盘，使之干燥均匀。当烘烤至果块含水量为 17%～18%、总糖含量为 70%～85% 时，即可终止干燥。整个烘烤时间为 28～32 小时。

（7）挑选、包装：剔除焦煳片、碎片等不合格产品，根据苹果脯产品质量要求进行分级，然后按照不同要求进行包装。

4. 注意事项

在苹果脯的加工过程中，苹果品种的不同或操作不当，常常使产品规格不一，或达不到要求标准。比较常见的问题是返砂、流糖、煮烂和皱缩。

（1）返砂与流糖：返砂是糖化酶制品中的液态糖化酶在一定的温度条件下，其质量分数达到过饱和状态时出现糖结晶的一种现象。它是制品中蔗糖含量过高而转化糖不足造成的。相反，若苹果中转化糖含量过高，在高温和潮湿的季节里容易吸潮，会形成流糖现象。成品中蔗糖与转化糖含量之间的比例，取决于煮制

果块时糖液的性质。影响转化糖的因素是糖液的 pH 值与温度，当 pH 值在 2.0～2.5 之间，加热时就能促使蔗糖转化形成转化糖。

（2）煮烂与皱缩：苹果脯的软烂除与品种有关外，成熟度也是重要的影响因素，过生与过熟苹果都容易煮烂。因此，采用适当成熟的苹果为原料，是保证苹果脯质量的前提。皱缩的原因主要是"吃糖"不足。防止苹果脯皱缩的办法是在糖制过程中分次加糖，使糖液质量分数逐渐提高，并延长浸渍时间。

5. 制品特点

苹果脯表面不黏手，果肉带韧性，果块透明，呈金黄色，不返砂，不流糖液，含水量为 17％～18％，含糖量为 65％～70％，食之酸甜适口。

（三）苹果酱

1. 原料

新鲜苹果、白砂糖。

2. 工艺流程

原料选择→绞碎打浆→配料→软化→加热浓缩→装罐→杀菌→冷却→成品

3. 制作方法

（1）原料选择：挑选无病虫，无机械伤，无腐烂，新鲜、成熟适度，风味正常的果实。

（2）绞碎打浆：清洗去皮后，用不锈钢刀切开，去掉果芯，用孔径 8～10 毫米的绞碎机绞碎。然后马上将果肉每 50 千克加水 12.5 千克，进行 15～20 分钟的预煮处理，再用孔径 0.7～1.5 毫米的打浆机打浆。

（3）配料：果肉 30 千克，砂糖 38～42 千克，其中 20％的砂糖也可用淀粉糖浆代替。可根据原料的含酸量，添加占果肉

0.06％～0.2％的柠檬酸，以调整酸度。

（4）软化和加热浓缩：将果肉放入 10％浓度的糖水中，糖水为 7.5～15 千克，在夹层锅中加热软化 10～15 分钟，撇去泡沫。然后加入其余浓度为 75％的糖液，在气压大于 3 千克/厘米² 的条件下继续加热浓缩，浓缩至可溶性固形物含量达 65.5％～66％时出锅，迅速装罐。为防止焦锅，在软化和加热浓缩过程中应不断搅拌。

（5）装罐、密封：装罐时严防果酱污染罐外壁和罐口。装罐后立即加盖，密封时酱体温度不得低于 85℃。

（6）杀菌、冷却：将玻璃罐放入沸水中杀菌 15～20 分钟，杀菌后分段冷却至 38℃左右。若散装零售，可加 0.05％～0.1％的山梨酸钾防腐。

4. 制品特点

酱体为红褐色或琥珀色，色泽均匀一致；无焦煳等异味，有苹果酱的特有风味；酱体内无粗大果块，不流散，不分泌液汁，无糖的结晶；可溶性固形物不低于 65％，总糖量不低于 57％。

（四）炸苹果圈

1. 原料

苹果 2 个、面粉 50 克、面包渣 50 克、鸡蛋 1 个、盐 1 克、橄榄油 20 克。

2. 工艺流程

选择原料→洗净→去皮→盐水浸泡→切片→蘸衣→油炸→装盘

3. 制作方法

（1）处理原料：将苹果去皮，用淡盐水泡一段时间。

（2）蘸衣：把苹果切圆片后蘸上面粉、拖蛋液蘸面包渣后待用。

（3）油炸：将煎盘中放入橄榄油加热，放入苹果圈炸制成熟即可。

（4）装盘：装盘时摆成塔形。

4. 制品特点

本品呈黄色或黄褐色，酥香可口，营养丰富。

（五）苹果奶饼

1. 原料

苹果、白砂糖、奶油、面粉、鸡蛋等。

2. 制作方法

（1）苹果去皮，切开、去芯，再切片。

（2）煎制、裹糖：把奶油烧热，将苹果片放入煎至两面淡褐色，再加入白糖，熔化，在苹果片上裹上糖。

（3）分份：将上了糖的苹果片分成 4 等份。

（4）混料、制坯、醒发：将面粉、鸡蛋、盐混匀，加入适量牛奶和色拉油，混匀，制成饼坯，放在盆里醒发 30 分钟。

（5）煎烤：醒发好的饼坯分 4 份，各加一份苹果片，入色拉油中煎烤至两面焦黄色即为成品。

4. 制品特点

本品为双面焦黄色圆饼，外酥脆，内松软，营养丰富。

（六）苹果饮料

1. 原料

苹果、白砂糖、蛋白糖、维生素 C 片、柠檬酸各适量。

2. 工艺流程

选料→去皮切片→打浆→调配、杀菌→装瓶、冷却→成品

3. 制作方法

（1）选料处理：选择果汁丰富、酸甜适度的苹果品种，例如

"红玉"、"国光"等。清洗苹果，去掉杂质及残留在表皮的农药及微生物。

（2）去皮、切片：洗净的苹果削去表皮，剖开除去芯核，切成小片放入凉淡盐水中，并加1～2片维生素C溶解液以防褐变。

（3）打浆：苹果浸液放入打浆机中打浆，加适量水定容至需要量。

（4）调配、杀菌：加入白砂糖等调味剂溶液，搅匀后进行煮沸杀菌。

（5）装瓶、冷却：将灭菌的苹果果肉汁趁热装入已消毒的玻璃或耐热食用塑料瓶中，盖好盖，自然冷却后，入冰箱存用，饮用时摇匀即可。

4. 制品特点

本品具苹果清香，酸甜适口，具有润肺健脾、生津止渴、清热除烦、助化止泻、顺气醒酒等作用。

（七）瓶装糖水苹果梨

1. 原料

新鲜苹果梨、砂糖、柠檬酸等各适量。

2. 工艺流程

选择原料→清洗→去皮→漂洗→切分、去籽巢→护色→排气→装罐→灌糖液→封罐→灭菌→保温→检验→包装→成品

3. 制作方法

（1）原料要求：果实应完全成熟，无病疤、虫蛀，不腐败、不变质，果料直径不小于50毫米。原料采摘、运输、装卸均要轻拿轻放，避免机械损伤，防止果实受伤而被污染。原料进仓后应在通风、低温的贮存库存放。

（2）清洗：原料经输送带送入车间，清洗除去附着在表面的泥沙及杂物。清洗水要保持清澈不混浊，以流动清洗为宜。

（3）去皮：目前较先进的措施就是化学去皮法。去皮液配制：称取为水容积的 10％的火碱（NaOH）和为火碱的 1/20 的化学去皮剂，加入水中搅拌，充分溶解。夹层锅内倒入容积的 70％的化学去皮溶液，拧开蒸汽阀，加温控制在 70℃～80℃，夹层锅蒸汽工作压力不超过 2 千克/厘米²。将原料倒入夹层锅，使果实全部被淹没，温度保持在 70℃～80℃，5～8 分钟。用工具检验果实表皮是否腐烂，如果腐烂即用长把大笊篱捞出。将腐烂了表皮的果实捞在活动筛内，接通水龙头喷水，同时摇动活动筛喷淋去皮。

（4）漂洗：化学去皮后的果实表面还残留有余碱，应立即用含酸浓度为 0.05％的柠檬酸溶液漂洗中和。

（5）切分、去籽巢：漂洗后的果实即可切分，纵切 2～4 瓣，以大小均匀一致为宜。切分的果瓣采用剜果核刀去掉籽巢。剜果核刀为不锈钢制成，刀宽 10 毫米、厚 0.5～1 毫米、长 40 毫米，呈 40°弧形，末端安装一根长 100 毫米的木把。

（6）护色：修整成形的果瓣迅速放入护色液中护色。护色液是 0.5％的食盐和 0.02％的亚硫酸氢钠水溶液，既能护色漂白，又能够抑制微生物的污染。

（7）排气：首先往真空预抽罐内灌入水，添加用少许热水溶解 0.5％食盐和 0.02％亚硫酸氢钠的水溶液，加入真空桶内混合均匀。将原料置入真空预抽罐内全部淹没，上面压上耐腐蚀、不污染的箅子，防止果实上浮裸露，否则影响排气效果。密封真空预抽罐，拧开真空气阀，开启真空机。如果是使用水环式真空泵，还应接通水源。真空度要求达到 600 毫米汞柱以上，真空时间 20 分钟。真空排气结束后应先关闭气阀再停机，然后捞出原料，用温水（水温 50℃～60℃）漂洗干净，即可装罐。

（8）装罐：装罐是采用容积为 500 毫升的玻璃罐，装罐的梨片的大小应大致均匀，装罐量为净重（510 克以上）的 50％以

上，即每罐的固形物应不低于 255 克。

（9）灌糖液：开罐糖水浓度为 12％～16％，糖液温度为 50℃，要灌满，顶隙度约为 10 毫米，然后迅速盖上罐盖。由于"糖水苹果梨"罐头的标准规定其滋味应酸甜适口，因此，在配制糖液时，还应准确配入适量的柠檬酸，要求 pH 值 3.7～4.2，加酸量一般为糖液的 0.2％。

（10）封罐：采用真空封罐机封罐，首先开启真空泵，接通水源。真空度达到 600 毫米汞柱以上的稳定值后，真空封罐机方可工作。

（11）灭菌：灭菌时升温至 100℃ 不超过 15 分钟，100℃ 恒温 20 分钟，冷却降温至 40℃ 时需 15 分钟。

（12）保温：保温库的恒温 ≥20℃，时间为 7 昼夜；夏天气温达到 25℃ 以上时，时间应为 5 昼夜。

（13）检验、包装：产品经检验合格后，即可包装出厂。

4. 制品特点

果肉为白黄色，色泽一致，软硬适度，块形完整，大小均匀，糖水较透明，允许含有不引起混浊的果肉碎屑，酸甜适口，无异味。

（八）梨脯

1. 原料

鲜梨、白砂糖等。

2. 工艺流程

原料选择→分选→清洗→去皮、挖核、切瓣→浸硫→糖煮→烘干→分级→包装

3. 制作方法

（1）原料选择：选用八成熟左右的梨，剔除病、虫、伤果。用清水洗净。

（2）去皮、切半：手工或用去皮机削皮，立即浸入1％盐水中护色，纵切两半，挖去种子和籽巢。

（3）浸硫：用浓度为2％的亚硫酸氢钠溶液浸泡15～20分钟，捞出沥干。

（4）糖煮：果肉和糖的比例为1∶（0.5～0.8）。先将糖的80％化成浓度为50％的糖浆，取大部分糖浆煮沸将梨倒入，迅速加热至沸腾，维持15～20分钟，再加入浓度为50％的冷糖浆（约为果实的1/10），分2～3次加，每次间隔10分钟。煮至梨片开始透明时，加入剩余的干砂糖，沸腾15～20分钟，至整个梨片完全透明即可出锅。

（5）烘干：将煮好的梨片沥去糖液，铺盘送入烘干机或烘房。烘干温度为60℃～65℃，烘至不黏手即可。

4. 制品特点

本品呈浅黄色半透明状，块形丰满完整，横径不小于4厘米，无破碎，无返砂结晶，质地柔韧细致，具鲜梨特有的风味和香气，无异味，含糖量68％，含水量为17％～20％。

（九）梨罐头

1. 原料

鲜梨、白砂糖、柠檬酸。

2. 工艺流程

原料选择→分选→去皮→切分→挖核→预煮→装罐→排气→封罐→杀菌→冷却→成品

3. 制作方法

（1）原料选择：制罐品种应选择肉质厚，果芯小，质地细而致密，没有或极少有石细胞，有香气，酸甜味浓，耐煮性强，不易变色的类型。我国砂梨和白梨系统为脆肉品种，制罐质量较差。国外用巴梨和贵妃梨制罐，品质最佳。我国的新品种锦香梨除果个小于巴梨外，风味和品质均超过巴梨，用于制罐具有独特的清香。

（2）去皮、切分、挖核：巴梨和锦香梨稍经后熟，肉质微软时，即可加工。先摘掉果梗，用去皮器去皮后纵切为两半，挖去果芯，浸入 1%～2% 的食盐水中或 0.1% 的柠檬酸液中护色。

（3）预煮：按果块大小在沸水中热烫 5～10 分钟，以果块煮透而不烂、无夹心、半透明为度。

（4）装罐：捞出迅速装入容量为 510 毫升的玻璃罐头，装入果块 290 克，糖水 210 克，糖水浓度以可溶性固形物占 30% 为好。对于酸度低的品种，在糖水中添加 0.05%～0.1% 的柠檬酸。

（5）排气、封罐：如用抽气密封，汞柱为 350～400 毫米。排气密封要求罐中心温度不低于 80℃。

（6）杀菌、冷却：排气封罐后在 100℃ 沸水中杀菌，玻璃罐要分段逐步冷却。

4. 制品特点

本品果肉呈白色或黄白色，色泽一致，糖水透明，允许含有不引起混浊的少量果肉碎屑；具有本品种糖水罐头应有的风味，甜酸适口，无异味；梨块组织软硬适度，食之无石细胞感觉。块形完整，大小一致，不带机械伤和虫害斑点。固形物含量为 14%～18%。

（十）梨酱

1. 原料

新鲜梨果、砂糖。

2. 工艺流程

原料选择→原料处理→软化、打浆→浓缩→装罐

3. 制作方法

（1）原料选择：挑选石细胞含量少，无病虫的新鲜梨果为原料。

（2）原料处理：将果实冲洗干净，去皮、去果芯后浸入1％～2％的食盐溶液中护色。

（3）软化、打浆：将梨块加少量水预煮10～20分钟，软化后用筛板孔径为0.5～1毫米的打浆机打浆。

（4）浓缩：将梨块和相当于梨块重量75％的砂糖倒入不锈钢夹层锅内（倒入锅内之前，先将砂糖调成浓度为75％的糖浆），煮沸浓缩。浓缩过程中要经常搅拌，以免锅底焦糊。浓缩至可溶性固形物为65％时，即可出锅。

（5）装罐：浓缩后形成的梨酱及时装罐、密封，封口温度应在80℃以上。封口后投入沸水中杀菌20分钟，然后分段冷却至37℃。

4. 制品特点

酱体为琥珀色，色泽均匀一致；无焦糊等异味，具有梨酱的特有风味；酱体内无粗大果块，不流散，不分泌汁液，无糖的结晶；可溶性固形物不低于65％，总糖量不低于57％（以转化糖计）。

（十一）梨酒

1. 原料

新鲜成熟的梨果、酵母、白砂糖。

2. 工艺流程

原料选择→原料处理→主发酵→后发酵→转池→贮存→调配→下胶→换池→冷冻→过滤→装瓶、入库

3. 制作方法

（1）原料选择：选择成熟充分、新鲜、无腐烂、无病虫害、

含糖量高、果汁多的品种做原料。

（2）原料处理：除去杂质后，用流水冲洗干净。用破碎机将梨破碎成直径为 1～2 厘米的粒块，使其占发酵池（罐）的 80%，再依次加入约 10 毫克/升的偏重亚硫酸钠和 5% 的人工培养酵母液，待发酵启动后，再按 60 克/升加入白砂糖。

（3）发酵：主发酵温度控制在 20℃～24℃ 之间，持续 8 天左右，然后进行分离。分离出的果渣及酒脚进行二次发酵，再蒸馏，所得酒精供调配梨酒之用。分离所得的汁液进行后发酵，温度控制在 15℃～20℃，时间 14 天左右。

（4）转池：后发酵结束后，立即换池除去酒脚，添加食用酒精，使酒度提高到 16 度以上，以抑制微生物活动，然后进行贮存。

（5）贮存：将原酒贮存于密闭的酒桶中陈酿，1 年后进行糖、酒、酸等成分的调配，使之达到最佳饮用效果。

（6）下胶：调配后的梨酒加入适量明胶，使之与酒液中带负电荷的单宁等成分相结合，破坏胶体平衡，形成沉淀，并在下沉过程中吸附其他悬浮物。下胶时应先将明胶用冷水浸 1 天，使之膨胀并除去杂质，然后放在 10～12 倍的热水中充分溶解。再根据所确定的用量，缓缓加入梨酒之中，快速搅匀。下胶温度为 8℃～15℃。明胶用量一般为 120～150 毫克/升，静置 2 周后分离。

（7）澄清、过滤：下胶后的梨酒再降温至 −4℃，保温 5 昼夜，趁冷过滤。经过澄清的梨酒即可装瓶入库。

4. 制品特点

酒液呈微黄色，清亮透明，无悬浮沉淀物，具有梨的特有香味。酒度 16 度，糖度（以葡萄糖计）为 150 克/升，总酸（以柠檬酸计）为 5～6 克/升，挥发酸（以醋酸计）为 0.7 克/升。

（十二）银耳梨汁

1. 原料

鲜梨、银耳、白砂糖、柠檬酸。

2. 工艺流程

（1）梨加工工艺流程

原料选择→切半→脱皮→挖核→修整→预煮→破碎→胶磨→夹层贮汁

（2）银耳加工工艺流程

选料→浸泡→捞洗→修整→预煮→破碎→胶磨→夹层贮汁罐

（3）调配成品工艺流程

混合调配→开汽升温→高压均质→装罐→封口→杀菌→擦罐→涂石蜡油→包装→成品

3. 制作方法

（1）梨加工要点

①原料选择：选用新鲜，八九成熟，组织紧密，风味正常，无霉烂、病虫、残伤、冻伤的砀山梨做原料。

②切半：用刀对准梨子的1/2处，均匀地切成两半。

③脱皮：采用温度80℃～85℃、浓度为12％～15％的氢氧化钠溶液，在连续淋碱脱皮机上，对切半的梨块及时进行脱皮处理，迅速搓洗去净残留皮，并用流动清水漂洗，除去残留碱液，即用浓度为0.1％的抗坏血酸（维生素C）和柠檬酸混合液浸泡，防止变色。

④挖核：用挖核器挖净籽巢，并进行护色处理。

⑤修整：修除未脱净的梨皮、伤疤、黑斑点等，以保持外形美观。

⑥预煮：修整好的梨块倒在有沸水的夹层锅中，开汽升温至沸腾，充分搅拌，经5～10分钟全部预煮透。

⑦破碎：预煮完后即用锤式破碎机进行破碎处理。

⑧胶磨：破碎后的梨浆经均质胶磨机进行磨浆处理，泵入夹层贮汁罐中。

（2）银耳加工要点

①选料：银耳要选用色白、肉肥厚、有光泽、无杂质、无蒂头、泡开后为半透明状的。

②浸泡：先用温水浸泡 6～8 小时，至完全泡发，捞洗3～5 次，把泥沙、灰尘、培养料等杂物洗净，去根，修除黑斑点等不合格部分，撕碎，沥干水分，再进行称重、预煮等处理。也可与梨块一起进行预煮、破碎、胶磨等处理。

（3）混合调配及装罐

①混合调配：梨汁 33％，银耳 2％。根据产品标准，精确计算出梨肉汁、银耳肉汁、白砂糖、柠檬酸等各料用量，依次倒入配制罐中，边倒边搅拌，充分混合均匀后，开汽升温至 83℃～85℃，保持 1～2 分钟，进行脱气。也可用喷雾式脱气机脱气。

②高压均质：脱气后的梨浆汁，在自身重力作用下流入高压均质泵，在压力 15～16 兆帕下进行高压均质处理。

③装罐：要趁热装罐。汁温保持在 80℃以上。用封口机密封。易拉罐、空罐事先都要杀菌消毒。

④杀菌：在常压、100℃下煮 25 分钟，迅速冷却至室温。

⑤擦罐、涂石蜡油：擦净罐盖、罐身上的水汽，并涂一层石蜡油，入库放置一周。对合格产品贴标装箱，贮存或销售。

4. 制品特点

本果汁呈黄色，汁液混浊均匀，久置后允许稍有沉淀。有梨的芳香和银耳的风味，无异味。原果汁含量不低于 33％，银耳含量不低于 2％，糖水浓度（以折光度计）为 15％～20％，酸度（以苹果酸计）为 0.5％～1％。

（十三）苹果梨脯

1. 原料

苹果梨、白砂糖、柠檬酸等。

2. 工艺流程

选料→去皮→摘把→切分→去核→清洗→护色→漂洗→浸渍→第一次煮制→浸渍→第二次煮制→浸渍→第三次煮制→浸渍→整形→烘干→冷却→包装→成品

3. 制作方法

（1）原料选择：选择八成熟苹果梨，过生过熟都不宜。果实要求青中带红，无虫蛀，无霉烂，加工前用清水洗净。

（2）切分：将梨纵切为两半，挖除籽巢及蒂筋，削除机械损伤部位及残留果皮。

（3）护色：将处理好的果块放入 0.3%～0.6% 的亚硫酸氢钠溶液浸泡 30～120 分钟，然后用清水漂洗，沥干水分。

（4）煮制：先称取占梨块重量 20% 的白砂糖，与梨块搅拌均匀后入缸浸渍 24 小时左右，再配制成浓度为 50% 的糖液，加入适量柠檬酸后，加热煮沸。将浸渍后的梨块及糖液一起倒入煮锅，煮 5～7 分钟，然后静置浸渍 24 小时，使糖液充分渗透到梨块各个部位。按此方法再进行两次煮制与浸渍。第二次煮制 10～15 分钟，第三次煮制 20～30 分钟。

（5）整形：将煮制成的梨块捞出，沥干糖液，逐个压扁，然后放在烘盘上，入烘干室烘制。

（6）烘干：烘干室温度以 50℃～60℃ 为宜，经 30～36 小时，烘至果面不黏手时即成成品。

4. 制品特点

本制品色泽淡黄，具有苹果梨香，甜酸适口，果香宜人，符合国家食品卫生标准要求。

（十四）桃脯

1. 原料

鲜桃 200 千克、白砂糖 32.5 千克、亚硫酸氢钠适量。

2. 工艺流程

选料→分级→切瓣→去核→去皮→清洗浸硫→第一次煮制→浸渍→第二次煮制→晾晒→第三次煮制→整形→烘干→包装→成品

3. 制作方法

（1）选料：多选用白肉的品种，如"快红桃"、"大叶白"等，采摘时应选择色泽金黄，肉质细腻、有韧性，成熟后不软不绵的果子。若选用绿色果实煮制桃脯，放入烘房烘干后，成品色泽翠绿，用阳光晒干后，成品成墨绿色，质量极差；若选用红色果实加工果脯，色泽暗而不鲜，也不适宜。

（2）切分：先将桃子按大小及成熟度不同分级，然后将选用的桃子沿缝合线用水果刀剖开。剖时，刀至果核，防止切偏，然后去除果核，制成桃碗。

（3）去皮：将桃碗凹面朝下，反扣在输送带上进行淋碱去皮，氢氧化钠溶液浓度为 13%～16%，温度为 80℃～85℃，时间为 50～80 秒（浓度与时间可根据原料成熟度而定）。淋碱后迅速入清水搓去残留果皮，再以流动清水冲净桃碗表面残留的碱液。也可在稀盐酸液（pH 值 2～5）中进行中和后冲洗干净。

（4）浸硫：将桃碗浸入浓度为 0.2%～0.3% 的亚硫酸氢钠溶液中浸泡。浸泡时间为 30～100 分钟。

（5）第一次煮制：配成浓度为 35%～40% 的糖液，并加入 0.2% 的柠檬酸，将桃碗倒入锅内煮沸，注意火力不可太强，以免将桃碗煮烂。第一次煮制约 10 分钟即可。

（6）浸渍：煮好后将桃碗及糖液一同倒入浸渍缸中浸渍

12～24 小时。浸渍时间可根据桃碗大小加以调整，以桃碗吸糖饱满为度。

（7）第二次煮制：先将糖液浓度调至 50％，然后将桃碗倒入锅内煮制 4～5 分钟即可捞出，沥净余糖液进行晾晒。

（8）晾晒：将桃碗凹面朝上（以便蒸发水分）排列在竹屉上在阳光下晾晒（也可入烘室烘干）。晒至果实重量减少 1/3 时即可收回煮制。

（9）第三次煮制：将糖液浓度调到 65％，然后将晾晒过的桃碗倒入煮锅连续煮 15～20 分钟，即可捞出。

（10）整形：将捞出的桃坯沥净多余糖液，摊放在烘盘上冷却。待冷却后，用手逐一将桃碗捏成整齐的扁平圆形，规格不齐的剔出另作处理，然后再入烘房烘干。

（11）烘制：烘房温度控制在 55℃～60℃，烘制 36～48 小时，中间需加以翻动，烘至桃碗不黏手即为成品。

（12）包装：桃脯可用玻璃纸逐个包装，也可装入塑料薄膜食品袋，然后装入纸箱内，注意防潮。

4. 产品特点

本品呈扁圆形，色泽金黄，半透明，清香甜美，肉质柔糯而近皮处微脆。糖尿病人不宜食用。

（十五）桃酱罐头

1. 原料

鲜桃、白砂糖、柠檬酸等。

2. 工艺流程

选料→处理→绞碎→配料→软化、浓缩→装罐、密封→杀菌→冷却

3. 制作方法

（1）原料选择：选择充分成熟、含酸量较高、芳香味浓的桃

子做原料。

(2) 原料处理：将原料中的病虫果、腐烂果实剔去。把好的桃子放在 0.5％的明矾水中洗涤脱毛，再用清水冲洗干净，切瓣、去皮、去核。

(3) 绞碎：将修整、洗净后的桃块用绞板孔径为 8～10 毫米的绞肉机绞碎，并立即加热软化，防止变色和果胶水解。

(4) 配料：果肉 25 千克、白砂糖 24～27 千克（包括软化用糖），柠檬酸适量。

(5) 软化和浓缩：果肉 25 千克，加 10％的糖水约 15 千克，放在夹层锅内加热煮沸 20～30 分钟，使果肉充分软化，要不断搅拌，防止焦煳。然后加入规定量的浓糖液，煮至可溶性固形物含量达 60％时，加入淀粉糖浆和柠檬酸，继续加热浓缩，至可溶性固形物达 66％左右时出锅，立即装罐。

(6) 装罐、密封：将桃酱装入经清洗、消毒的玻璃罐内，最上面留适当空隙。在酱体的温度不低于 85℃时立即密封，旋紧瓶盖，将罐倒置 3 分钟。

(7) 杀菌、冷却：杀菌公式为 5－15/100℃，然后分段冷却至 40℃以下。

4. 制品特点

成品呈现红褐色或琥珀色，均匀一致，具有桃酱风味。

（十六）桃汁

1. 原料

鲜桃、白砂糖、柠檬酸等。

2. 工艺流程

选料→清洗→切瓣→去核→浸泡→预煮→打浆→勾兑→脱气→均质→杀菌→装罐→封口→冷却→擦瓶→贴标→检质→装箱→入库

3. 制作方法

（1）原料处理：选用加工用桃品种，个头大，桃核小，肉白色或黄色，成熟度要求高一些以便突出桃子的风味。把病、虫、伤、烂果剔除后，再行清洗。清洗时注意用刷子刷净桃毛。

（2）切瓣、去核：沿缝合线将桃对切为两瓣。用手掰开，再用刀把核剔除后，立即投入0.1％的维生素C（抗坏血酸）和柠檬酸混合液中，以防褐变。

（3）打浆：将果肉立即用90℃～95℃水加热至沸。煮3～5分钟再放在0.6毫米的筛网上进行打浆去净果皮。

（4）勾兑：在桃肉浆中，加入为浆重2/3的热水并充分搅拌，用纱布过滤，去除粗纤维后，再加入砂糖、柠檬酸及抗坏血酸等，进行调配，达到糖度14波美度，酸0.3％，并添加0.02％的维生素C防止褐变。

（5）脱气、均质：用真空脱气罐脱气，真空度采用90.7～93.3千帕，然后在130千克/厘米^{2}进行高压均质，使浆液细腻、均匀。

（6）杀菌：在热交换器中进行高温瞬时杀菌，多为121℃，保持30秒，由于是短时受热，可保证质量。

（7）装罐：可直接用无菌立乐包封口，亦可装入瓶中，再行100℃下20分钟杀菌，即刻冷却到40℃。

（8）装箱：将成品经保温、擦罐、涂油、打检等工序，把合格品装箱入库，不合格品当即处理。

4. 制品特点

本品为果肉型饮品，呈红褐色，富含铁，味酸甜适口，有补气养血、润肠通便、生津养颜之功效。

（十七）桃干

1. 原料

鲜桃、硫磺等。

2. 工艺流程

原料选择→原料处理→热烫→熏硫→干燥→回软→包装

3. 制作方法

（1）原料选择：选用离核品种，果形大、含糖量高、肉质紧厚、果汁较少、肉色金黄、香气浓、纤维少、八九分熟的果实。

（2）原料处理：剔去烂、病、损伤及未成熟的果实。再把桃毛刷掉，用流动清水冲洗干净。然后用不锈钢刀沿果实的"缝合线"对半切开，挖去果核，再切片。

（3）热烫：将桃片在沸水中漂烫5～10分钟，捞起沥干。

（4）熏硫：将桃的切面向上排列在果盘里熏硫4～6小时。每吨鲜果约需硫黄2.5千克（以二氧化硫残留量计，不得大于0.1克/千克）。

（5）干燥：经熏硫的桃片在烈日下暴晒，并经常翻动，以加速干燥。当晒到六七成干时，放在阴凉处回软两三天，再进行晾晒，直到晒干。这时其含水量应为15％～18％。也可直接送入烘房烘干，温度控制在55℃～65℃，相对湿度30％，干燥14小时。

（6）回软、包装：先除去不合格的桃片，然后将合格桃片放在密闭贮藏室里，使桃片水分均匀，质地柔软。最后，可用食品袋、纸箱包装。

4. 制品特点

本品表面金黄色，肉质紧密，无泥沙，无杂质，含水量15％～18％。

（十八）猕猴桃果片

1. 原料

鲜猕猴桃、白砂糖、碱液等。

2. 工艺流程

原料验收→化学去皮→切端、整修、分级→切片、选片→预煮、配糖水→装罐→封口→杀菌、冷却→揩罐入库

3. 制作方法

（1）原料验收：原料应新鲜坚实，成熟度适中，无霉烂，无发酵，无病虫害，并要求果实横径在 28 毫米以上。

（2）化学去皮：采用浸碱去皮盐酸中和方法，在浸碱机擦皮机组内进行，碱液浓度为 20％～25％ 的氢氧化钠，微沸（约 105℃），浸碱 1～2 分钟，盐酸浓度 1％，保持常温 30 秒。要求去皮干净，表面光滑。浸酸后立即在流动水中漂洗 10 分钟，再进行切端。

（3）切端、整修、分级：用小刀切除两端片，修去残余果皮及斑疤，要求切端平整，防止切歪或切得过多，剔除腐烂的果实和果径在 25 毫米以下的果实。合格的果实经二道筛分大、中、小三级。

（4）切片、选片：按大、中、小三级分别切片，横切成片，厚度掌握在 4～6 毫米，切好的片经清水洗筛，除去部分碎果肉和碎屑，再进行选片，选出白籽片、粉红色片以及横径小于 25 毫米的果片等不合格片。

（5）预煮、配糖水：选好的片按大小分别在预煮机内预煮，预煮水与果肉比 3：1。预煮时间为 3～5 分钟，煮后即迅速冷却装罐。糖水配制：糖水浓度 36％，煮沸过滤备用，温度保持在 75℃ 以上。

（6）装罐：要求每罐果肉色泽、大小、厚薄大致均匀。

（7）封口：真空度为 300～350 毫米汞柱。要逐个检查封口。

（8）杀菌、冷却：封口后迅速杀菌，杀菌公式为 10－20 分钟/100℃。然后冷却至 40℃左右。

（9）冷却后将罐揩干净入库贮藏。

4. 制品特点

本品果肉呈黄绿色或淡绿色，同一罐中色泽较一致，糖水透明，果肉不低于 250 克，有少量果肉碎屑及种子。组织软硬适度，具有糖水猕猴桃片罐头应有之风味，甜酸适口、无异味。

（十九）猕猴桃果丹皮

1. 原料

猕猴桃、水、白砂糖、麦芽糊精等。

2. 工艺流程

原料选择→清洗→磨浆→调配→装盘→烘干→切块、搓卷→包装

3. 制作方法

（1）原料清洗：取新鲜成熟的猕猴桃果，除去杂质，剔除病、虫、害、烂果，用水洗去表面泥沙及污物。

（2）磨浆：用研磨机磨浆前，先行预煮，使果实变软，稍加破碎便可磨浆。经过孔径为 0.1 厘米的筛网过滤，除去皮渣籽粒。按果泥重的 15％加入等量白砂糖，充分搅拌均匀。

（3）装盘：将果泥倒入用塑料薄膜衬垫的浅盘中，每平方米倒入 5 千克。

（4）烘干：放在管式烘干机中进行烘干，烘干温度为 45℃，烘干时间大约 15 小时。

（5）切块、搓卷：烘干后，切成大小一致的方块，再搓成卷，并在外层涂上麦芽糊细粉。

（6）包装：进行包装即为成品。

（二十）猕猴桃果酱

1. 原料

新鲜猕猴桃、白砂糖等。

2. 工艺流程

原料选择→清洗→去皮→糖水配制→煮酱→装罐→密封→杀菌→冷却

3. 制作方法

（1）原料选择：挑选充分成熟的果实为原料，剔除腐烂、发酸或表面有严重病斑的果实等不合格果实。

（2）去皮：清洗果实之后，手工剥皮，或将果实切成两半，用不锈钢汤匙挖取果肉。

（3）煮酱：砂糖100千克，加水33千克，加热溶解，过滤即成浓度为75%的糖水，每100千克原料加糖水33千克。先将一半糖水倒入锅内，煮沸后加入果肉，约煮30分钟，果肉煮成透明、无白芯时，再加剩余糖水，继续煮25～30分钟，直到沸点温度达到105℃，可溶性固形物达68%以上，才可出锅。

（4）装罐：所用玻璃罐须事先消毒，罐盖及胶圈在沸水中煮5分钟。每罐装量为275克。装好后立即旋紧罐盖。

（5）杀菌、冷却：装罐的玻璃罐在沸水中煮20分钟，然后分段冷却至38℃左右。在20℃左右的仓库内存放一周。

4. 制品特点

本品呈黄绿色或黄褐色，胶黏状酱体，保持部分果块，色泽均匀一致。

（二十一）猕猴桃饮料

1. 原料

鲜猕猴桃2～3个，白糖、蛋白糖、柠檬酸等各适量。

2. 工艺流程

原料预处理→热烫、去皮→打浆、滤汁→调配、杀菌→装瓶、冷却

3. 制作方法

（1）原料预处理：选用成熟、质地较软的猕猴桃做原料，用清水冲洗干净，沥干水分。

（2）热烫、去皮：在锅里放水，加少许盐煮沸，将猕猴桃倒入水中至皮裂开，捞出放入凉水中，剥去皮，切小块放入凉水中。

（3）打浆、滤汁：将猕猴桃和凉水通入搅拌机打浆。用双层纱布过滤，滤渣再用 400 毫升水搅散，重打浆一次，再过滤，两次过滤液合并。

（4）调配、杀菌：将白糖和少许蛋白糖及柠檬酸放入热水中溶化，加入猕猴桃过滤液中，调好酸甜味，放入不锈钢锅中，置火上煮沸数分钟，停火待凉。

（5）装瓶、冷却：待凉至 80℃ 时，装入洁净耐热瓶中，封盖倒置，自然冷却至室温即可饮用，或放入冰箱保存。

4. 制品特点

本品为暗绿色浑浊液，酸甜可口，营养丰富，具有清热生津、消食利尿、润肠通便、降低胆固醇等作用，适合广大消费者饮用。猕猴桃性寒，脾胃虚寒与便溏腹泻者忌食，糖尿病患者不宜多食。自制时可加少许蛋白糖调味。

三、杏、李类制品

（一）椒盐杏仁

1. 原料

甜杏仁 2.5 千克、精盐 75 克。

2. 工艺流程

原料选择→煮制→盐腌→烘烤→冷却→包装→成品

3. 制作方法

（1）原料选择：选用饱满、大扁的甜杏仁。

（2）煮制：将杏仁放入开水中煮沸，捞出沥干水分，冷却至室温。

（3）腌制：把杏仁放在容器中加盐，边加精盐边翻动，使盐与杏仁拌均匀，然后用洁净的毡布盖上，腌制 24 小时。

（4）烘烤：为了防止出现烘烤不透或色泽不均的现象，把杏仁均匀摊在铁盘内，置烘箱 150℃，烘烤 45 分钟，然后降温到 80℃，再干燥 10 小时，使精盐浸入杏仁内。

（5）冷却、包装：待冷却后筛选，包装，即为成品。

4. 制品特点

本品呈黄色，颗粒整齐饱满，酥脆咸香，有杏仁的浓香味。

（二）山杏脯

1. 原料

鲜杏、白砂糖等。

2. 工艺流程

原料选择→清洗→切分、去核→熏硫→糖煮→糖渍→再糖煮→再糖渍→整形→烘烤→包装

3. 制作方法

(1) 原料选择：挑选果实表皮颜色由绿开始变黄的鲜杏，成熟度约八成，果实外形要整齐，无腐烂和虫蛀。

(2) 清洗：将选出的鲜杏放在清水中漂洗。

(3) 切分、去核：将鲜杏平放，缝合线朝上，用不锈钢水果刀沿缝合线切开后，用手掰开，再用去核刀挖去杏核。

(4) 熏硫：把杏片摆在烘盘上，洒上少许清水，移至熏硫室，熏 3～4 小时。每 1000 千克原料需用硫黄 2.5 千克左右（以二氧化硫残留量计，不得大于 0.1 克/千克）。

(5) 糖煮：称 20 千克砂糖放入锅内，放少许清水加热溶化，再将 100 千克杏片倒进锅内煮 20 分钟，并经常搅拌。

(6) 糖渍：将杏片连同糖液起锅，倒入缸内糖渍一天。

(7) 再糖煮：称取 30 千克砂糖放入锅内，加少许清水加热溶化，再将第一次糖渍杏片滤出的糖液和杏片一起倒入锅内，煮 30 分钟。

(8) 再糖渍：将杏片连同糖液一起倒入缸内，糖渍一天至一天半。

(9) 整形：用竹箕捞起糖杏片，滤干糖液，将杏片压扁，铺放在烤盘上。

(10) 烘烤：将装有杏片的烤盘送入烘房，烘房温度保持在 55℃～65℃，烘烤一天半至两天，以杏片表面不黏手为准。中间需翻动一次。也可以在阳光下暴晒代替烘烤。

(11) 包装：待冷却后包装。先将杏脯装入塑料薄膜食品袋中，再装入纸箱内，以免成品回潮。包装好后放于通风干燥处。

4. 制品特点

本品果脯呈金黄色或红黄色，形状整齐，半透明，有甜酸味。

（三）杏干

1. 原料

鲜杏、食盐、硫黄等。

2. 工艺流程

原料选择→清洗→切分→熏硫→干制→回软→包装

3. 制作方法

（1）原料选择：挑选果形大、肉厚、味甜、水分少、纤维少、香气浓、果肉色呈橙黄的品种。果实应充分成熟，剔除成熟度不合适与破烂的果实，并按果形大小分级。

（2）清洗：将果装入竹篮中，用清水冲洗。

（3）切分：沿果实缝合线用不锈钢刀对切成两半，切面要整齐光滑，挖去果核（若制作全果带核杏干，则不用切开去核）。切成两半后，将杏片切面向上排列在筛盘上，不可重叠。

（4）熏硫：在熏硫前用盐水（盐与水的比例为 1：33）喷洒果面，以防止变色和节省硫黄，将盛杏果片的筛盘送入熏硫室（箱），熏硫 3～4 小时，硫黄与鲜果用量之比为 2.5：1000（以二氧化硫残留量计，不得大于 0.1 克/千克）。熏硫较好的杏果片，其核中应充满汁液，这样的半成品干制后，能保持鲜艳的橙红色或金黄色。

（5）干制：一种是自然干制，将经过熏硫的果实放在竹匾或晒场上，在阳光下暴晒，晒到五至七成时，叠置阴干至含水量为 16%～18%。干燥率约为 5：1。另一种是人工干制，将熏过硫的杏果放在烘盘上，送入烘房。烘房初温为 50℃～55℃，终温 70℃～80℃，经 10～12 小时，可干制到所需的含水量。

（6）回软：将干燥后的成品放入木箱中回软 3～4 天，使内外水分均衡。

（7）包装：根据成品的质量进行分级。将色泽差、干燥度不足以及破碎果片拣出后，即可包装。

4. 制品特点

本品肉质柔软，不易折断，用手紧握后松开，彼此不相粘连，将果片放两指间捻合后，无汁液外渗。含水量为 16%～18%。

（四）香脆麻辣杏仁

1. 原料

杏仁、食盐、花椒、干辣椒、食用植物油等。

2. 工艺流程

杏仁→煮制→甩水→油炸→冷却→甩油→包装

3. 制作方法

（1）麻辣水配制：清水 100 千克加入花椒 6.5 千克，熬煮 60 分钟，加入干望天椒（剁碎）9 千克，再煮 10 分钟出锅过滤。加水调整重量至 100 千克。花椒和辣椒的用量可根据当地居民的饮食习惯增减。

（2）煮制杏仁：清水 100 千克加入精制食盐 3 千克，煮沸后加麻辣水 20 千克。每次加入杏仁 5 千克煮 10 分钟出锅。每锅水煮 3 次杏仁后酌量补加盐和麻辣水。

（3）甩水：将煮好的杏仁置于离心机中，于 1600 转/分甩水 1 分钟，以去掉余水。这对于缩短油炸时间和防止沸油外溅很有作用。

（4）油炸：食用植物油加入抗氧化剂，抗氧化剂和油重的配比为没食子酸丙酯 0.03%、柠檬酸 0.015%、乙醇 0.09%，将三者搅拌成溶液后加入油中。将油加热至 160℃～170℃时开始油炸。为了保证油炸时间一致，应将杏仁平铺于铁筛中下锅，油炸

3～4分钟，至杏仁上浮并呈浅褐色时将筛端出，冷却并沥油。

（5）甩油：将炸后冷却的杏仁置于离心机中，于1600转/分甩油约1.5分钟，甩去浮油。

（6）包装：定量装于经消毒的瓶或复合薄膜袋中，抽真空密封。

4. 制品特点

杏仁颗粒整齐，呈浅褐色，咸味及麻辣味适宜，香酥可口，无浮油、杂质。

（五）杏果泥

1. 原料

新鲜杏果、砂糖等。

2. 工艺流程

选料→清洗→修整→切分→预煮→打浆→配料→浓缩→装罐→封盖→入库

3. 制作方法

（1）原料选择：选用新鲜、风味正常，成熟适度、粗纤维少，无病虫害、无腐烂的果实。

（2）清洗：用清水洗净杏果表面的泥沙等污物，也可向水中添加盐酸或高锰酸钾，以增强清洗效果。

（3）修整：削去干疤、黑点、带机械伤的果肉以及严重变色和青皮的部分。

（4）切分、去核：用小刀沿缝合线切半、挖去杏核。

（5）预煮：按果肉重加入10%～20%的清水，煮沸后加入果肉。在夹层锅中煮沸5～10分钟，至易打浆为止。

（6）打浆：用孔径为0.7～1.5毫米的筛孔打浆机打浆1～3次。

（7）配料：按果泥和砂糖1∶1.2，使用前将砂糖配成浓度为 75％的糖液。

（8）浓缩：糖液煮沸后，加入果浆。加热的同时进行搅拌。浓缩至可溶性固形物达 66％时，即可出锅装罐。

（9）装罐：要注意应对瓶、胶圈、瓶盖进行消毒。装罐时果泥的温度不低于 85℃。

（10）封盖：封盖后立即倒罐 3 分钟，对罐盖进行消毒（温度不低于 85℃）。

（11）入库：封盖后在库温为 20℃的仓库中储存一周，即可出库运销或长期存放。

4. 制品特点

本品为酱体，甜润细腻，香味浓郁，有理气止咳作用。

（六）酱杏仁

1. 原料

甜杏仁 100 千克、甜面酱 200 千克。

2. 工艺流程

原料选择→脱苦→酱渍→成品

3. 制作方法

（1）原料选择：选用粒大饱满、新鲜的甜杏仁为原料，剔除有虫眼、霉变的杏仁和瘪粒。

（2）脱苦：将杏仁先在沸水中烫漂 2～3 分钟，捞出，用冷水冷却，除去外皮。然后用清水浸泡 4～5 天，每天换水一次，以脱除杏仁苦味。

（3）酱渍：将脱苦的杏仁捞出，装入布袋，堆叠控水 5～6 小时。控尽水后，按配料比例将布袋放在甜面酱内进行酱渍。在酱渍过程中，每天翻动、挪袋 3～4 次，一般酱渍 1 个月左右即可为成品。

4. 制品特点

制品色泽金黄、有光泽，质地脆，有酱香，杏仁芳香浓郁，味鲜甜微咸。

（七）杏仁霜

1. 原料

杏仁、淀粉、蔗糖、1％碱液、0.5％食盐水、0.02％亚硫酸氢钠。

2. 工艺流程

原料预处理→浸泡→去皮→漂洗→护色→湿磨→脱苦→沥干→加湿淀粉→烘干→调味加香→包装→成品

3. 制作方法

（1）原料预处理：选有光泽、新鲜、无霉变及破损的杏核，用流动水充分洗净、沥干后，用人工或脱壳机破壳取仁，选择无霉变及虫害的杏仁为原料。

（2）浸泡、去皮：将选好的杏仁冲洗干净，于2倍的水中浸泡12小时，至皮软化并预脱苦，然后倒入3倍于杏仁的1％氢氧化钠碱液中煮0.5～2分钟，迅速捞出，用自来水冲去残留碱液。手工去皮后，用清水冲洗干净。

（3）漂洗：苦杏仁加热后，产生有毒物质氢氰酸，故必须充分漂洗除毒。将去皮后的苦杏仁放入脱苦液中（完全浸没杏仁为止），浸50小时后捞出，换水浸泡30小时，中间换水一次。

脱苦除毒液配方：精盐8％～10％，偏重亚硫酸钠0.1％～0.15％，柠檬酸0.1％～0.2％，清水89.75％～91.8％。

（4）护色：将洗净的杏仁置于0.5％的盐酸和0.02％的亚硫酸氢钠混合液中护色4小时，混合液必须完全浸没杏仁。

（5）湿磨：杏仁经护色后，用水冲洗干净。加入15倍的水经磨浆机磨成粉浆。

（6）脱苦：采用加热的方法使其脱苦去毒。加热温度为70℃～80℃。为使氢氰酸挥发迅速彻底，须不停搅拌，并采用普鲁士蓝法定性检验，至杏仁浆中不再产生氢氰酸时为止。为防止氢氰酸中毒，必须注意保证脱苦车间空气畅通。

（7）沥干、加湿淀粉：将脱苦后的杏仁浆装入干净布中滤干或压干，也可用离心机甩干多余水分。由于杏仁浆中含脂肪较多，直接干燥对产品的色泽、流散性及保存性都有一定影响，故采用掺加淀粉的方法来降低脂肪的含量及改善干燥条件，淀粉与杏仁浆之比为2：1，用拌和机搅拌均匀。

（8）烘干：用鼓风干燥箱，70℃下干燥20分钟左右，至水分含量为7％～9％。

（9）调味加香：干燥后的杏仁霜按烘干后总重的14％加入蔗糖，如需进一步突出杏仁的香气，再加入0.14毫克/千克的杏仁香精，拌和均匀即为杏仁霜成品，然后按一定规格包装。

4. 制品特点

本品为白色或乳黄色粉末，略带甜味，有浓郁的杏仁香味，无异味，用沸水冲食，香甜可口。

（八）杏仁茶

1. 原料

杏仁、糖桂花、大米、糯米、白糖等。

2. 工艺流程

制米粉→磨杏仁→制茶

3. 制作方法

（1）制米粉：将大米、糯米混合，一起洗净，用凉水浸泡2小时。

（2）磨杏仁：杏仁用温水浸泡15分钟取出，除掉黄皮，洗干净，与大米、糯米一起加凉水250克磨成稀糊状。

（3）制茶：凉水入锅，用旺火烧沸，将稀糊倒入锅中，沸腾5分钟即成杏仁茶，随即倒入桶中保温。食用时，将杏仁茶盛入碗中，放上白糖和糖桂花汁及佐料便可。

4. 制品特点

杏仁茶是由宫廷传入民间的一种风味小吃。它选用精制杏仁粉为主料，配以杏仁、花生、芝麻、玫瑰、桂花、葡萄干、枸杞子、樱桃、白糖等十余种佐料。本品茶颜色奶白，香味纯正，甜润细腻，杏仁香味浓郁，可理气、滋阴、止咳，是滋补益寿的佳品。

（九）杏仁露

1. 原料

枸杞1.5千克、苦杏仁5千克、白砂糖0.2千克、柠檬酸0.2千克、复合稳定剂0.3千克。

2. 工艺流程

清洗杏仁→去皮→脱苦→磨浆→调配→均质→灌装、封盖→杀菌→冷却→成品

3. 制作方法

（1）枸杞汁准备：将枸杞去杂，充分浸泡后，送入打浆机内打浆去籽，再用压榨机制得枸杞汁。

（2）苦杏仁去皮：将苦杏仁放入205倍含有0.5％氢氧化钠的沸水中煮沸2分钟捞出，用冷水漂洗去皮。

（3）脱苦：以浓度为0.75％的盐酸为脱苦液，按浸泡液比苦杏仁为1.5：1的比例加入苦杏仁，在50℃～60℃下浸泡72小时，捞出，用清水漂洗数次，除去过剩酸液。

（4）磨浆：脱苦后的杏仁经过磨浆、去渣后将其稀释至20倍。

（5）调配：将枸杞汁加入杏仁汁中，并加白糖溶液、稳定剂

和柠檬酸，使溶液 pH 为 4.0～4.2。

（6）均质：均质压力为 40 兆帕。

（7）装罐、封盖：预先将空瓶、瓶盖清洗干净，进行装罐、封盖。

（8）杀菌：在 100℃的高温下杀菌 16 分钟。

（9）冷却：杀菌后，速冷至室温，即成。

4. 制品特点

本品为均匀混浊液，不分层，无沉淀，清香可口，酸甜适度，具有祛痰、止咳、润肠、明目补肾、增强人体免疫力、延缓衰老等作用，是一种营养丰富、保健性强的高级饮品。

（十）多味李饼

1. 原料

李坯 100～120 千克、白糖 50～51 千克、糖精 200 克、五香粉 200～300 克、甘草 3 千克、食盐若干千克等。

2. 工艺流程

原料选择→盐渍→晒坯→脱盐→晒制→压扁→糖渍→晾晒→浸渍→晒制→成品

3. 制作方法

（1）原料选择：选用果形大、皮薄、肉厚、核小、七八分熟的新鲜李子为原料。

（2）盐渍：用清水将李果洗净。以占果重 10%～12% 的食盐进行腌制。可先将李果用果重 5% 的食盐在容器内轻度擦破果皮，经漂洗后再一层李果一层食盐，分层叠放在缸内。加盐量应上层多于中下层，最上层果实撒满食盐，压以石块。一般腌制 20 天，制得李子坯。

（3）晒坯：捞出咸李子坯，沥尽盐液，摊放在竹席上，置于阳光下暴晒，经常翻动，至七成干，制得咸干李子坯。

（4）脱盐、晒制：将咸干李子坯放入清水中浸泡2～3小时，漂洗脱盐至李子含盐分达6％～8％，洗净泥沙和污物。然后置于日光下自然干燥至六七成干。

（5）压扁：手工或用压扁机将脱盐的李子坯压扁，使果坯成端正的圆形，不裂口、不破烂、不露核。

（6）糖渍

第一次：以旧糖液（或砂糖）配制浓度为30％的糖液，倒入李子坯，糖渍1天。浸渍后如糖液的糖度很低，咸度和苦涩味较大时，则可弃置。

第二次：以占果重20％的砂糖配制浓度45％的糖液，倒入经一次糖渍的果坯中，糖渍2天。

第三次：抽取第二次糖渍的糖液，配制糖液浓度为50％，倒入李子坯中，糖渍2～3天。

第四次：抽取第三次糖渍的糖液，调配糖液浓度为55％，倒入李子坯中，糖渍3～4天。

第五次：抽取第四次糖渍的糖液，调配糖液浓度为60％，倒入李子坯中，糖渍3～4天。

第六次：抽取第五次糖渍的糖液，调配糖液浓度为65％，倒入李子坯中，糖渍3～4天，直至糖液浓度稳定保持在60％左右。

（7）晾晒：将糖渍后的李子坯捞出，沥尽糖液，置于阳光下暴晒，至六七成干。

（8）浸渍：取配料中甘草和五香粉加入适量清水，在锅中加热熬煮，制得相当于坯重20％的甘草液，经过滤、澄清，加入甜蜜素、食盐和柠檬酸，以及部分糖渍的糖液，制成甘草料液。然后，将经糖渍的李饼坯分装于各浸桶内，再把甘草液均匀倒入。连续翻倒3～4次后，每隔1～2小时翻桶一次，以使果坯吸料均匀，直至吸干料液。

（9）晒制：将经糖渍的李饼坯，摆放在竹帘（或烘盘）上，置于阳光下或送入烘房进行干燥。每隔 8～12 小时翻动一次，直至七八成干，即为成品。

（10）包装：制成品冷凉后，单果包装或定量分装于聚乙烯薄膜袋密封包装。

4. 制品特点

本品表面光滑，质地柔嫩，酸甜适口，消食开胃。

（十一）加应子

1. 原料

鲜李子、白砂糖、甘草、食盐等。

2. 工艺流程

选择原料→盐渍→晒干→回软→复晒→配制甘草糖液→果坯处理→糖渍→干燥→包装

3. 制作方法

（1）选择原料：选择果大、肉厚、七八成熟的李子果做原料。

（2）盐渍与晒干：将李果清洗干净，沥去表水，称重后取占果重 1/7 的食盐。按一层果一层盐的方法，将李子果和食盐装入缸里盐渍 60 天左右。盐渍时应装满缸，并用石头压实。盐渍后捞出李子坯，置阳光下晒干，注意勤翻晒。

（3）回软与复晒：将晒干的李子坯放入木箱，置于阴凉、通风、干燥的地方存放 20 天左右，使李子坯各部分的水分均匀一致。然后，将经过回软的李子坯再取出复晒，以制得干李子坯。

（4）配制甘草糖液：按干李子坯 100 份、白砂糖 14 份、甘草 3 份、糖精 0.2 份、苯甲酸钠适量备料。取甘草重 10 倍的水和甘草同煮成甘草液，并将其过滤、澄清，取其中的一半与 10份白砂糖混合，加热溶解成甘草糖液。

（5）果坯处理：将李子坯倒入清水里浸泡 30 分钟，洗去泥沙，捞出沥干，放入沸水中烫煮 10 分钟左右，再用清水冲洗。然后置于阳光下暴晒，晒至李子坯内的水分有 80％蒸发掉时，即可将李子坯放入碾压机内压扁，也可用木槌锤扁，以达到将李子核打碎，而其皮毫无损坏的目的。

（6）糖渍：将压扁的李子坯倒入甘草糖液里浸渍。为了使李子坯能均匀地吸收甘草糖液，要注意经常搅拌，浸渍 48 小时即可捞出。

（7）晒制与包装：将糖渍后的李子坯置于阳光下暴晒至干燥，即成为加应子成品。用食品袋按每袋 0.5 千克或 1 千克称重，密封包装即可。

4. 制品特点

福建蜜饯中，以李子干制成的蜜饯通称加应子，去核者称化核加应子。本品以地方产的芙蓉李干和白砂糖为原料，以名贵中药做调香剂，采真空浓缩熬煮常压调制，多次渗糖，多道调味串香而成。本品香味浓郁，色泽发亮，肉质细致，软硬适度，甜酸适宜，十分可口，含糖量达 58％～63％，实为休闲佳品。

（十二）蜜李

1. 原料

新鲜果实、白砂糖、柠檬酸等。

2. 工艺流程

原料处理→硬化与护色→配制糖液→透糖→干燥→包装

3. 制作方法

（1）原料处理：采收后的李子如"三华李"或"全黄李"等品种，首先要进行"打皮"处理，脱去果皮表面蜡质层，使糖分容易渗入果肉内部。

（2）硬化与护色：李子果肉内有一种单宁物质，在加工过程中，由于单宁物质氧化而使产品呈现灰褐色而影响外观，因而需配制硬化与护色混合液。所以，以 0.1％二氯化钙加 0.1％亚硫酸氢钠混合液浸渍原料 8 小时，然后用清水洗净，沥干水分，备用。

（3）配制糖液：50 千克鲜果需用 25～30 千克白糖配成浓度为 40％的糖液。在糖液中加入 0.1％柠檬酸、0.05％山梨酸钾，把糖液煮沸后加入原料浸渍。

（4）透糖：李子浸入糖液中第二天，糖液浓度大大下降。一般只有 20％左右的浓度，需要浓缩糖液。把稀糖液抽出，到夹层锅或不锈钢锅内加热浓缩，要求提高浓度 5％左右，把浓缩过的糖液趁热加回李子中进行浸渍。以后每隔 1～2 天要重复此工序，要求只煮糖液，原料不能直接加热。糖液不断升高的过程，就是原料中水分不断蒸发又不断吸收糖分的过程。如没有真空透糖设备，这个周期会比较长，一般需要 15～20 天才使糖液上升到 55％～60％，果肉内部糖液浓度也要求达到 50％以上，才算透糖完毕。

（5）干燥：把蜜李从糖液中捞起，送去烤房，在 60℃～70℃下烘干 16～20 小时，含水量控制在 25％～28％。

（6）包装：以小袋或塑料盒包装。

4. 制品特点

制品总糖含量为 50％左右，甜酸适中，爽脆，有吃鲜果风味。从外观上要保持鲜果色泽，不能出现黑褐色，而且由于含水量稍大，其饱满度也大，所以得率也较高。

（十三）李干

1. 原料

鲜李、食盐等。

2. 工艺流程

选料→漂洗→护色→盐渍→晾晒→回软→杀菌→包装

3. 制作方法

（1）选料：选择八九成熟、色泽一致、大小均匀、无霉烂、无虫蛀的新鲜李果。

（2）漂洗：将选好的李果用清水洗净，在浓度为0.5％～1.5％的氢氧化钠溶液中煮沸5～15秒钟，或在沸水中煮10～12秒钟，以溶去果面蜡质，至表皮微呈裂纹时捞出，再用清水漂洗干净。

（3）护色：将漂洗后的李果，放入浓度为0.2％～0.3％的偏重亚硫酸钠（或亚硫酸钾）溶液或浓度为0.1％～0.2％的亚硫酸液（pH值为3左右）中浸泡30分钟护色。

（4）盐渍：将护色后的李果放入盐池中（用水泥或石料做成）盐渍。按100千克李果用15～20千克食盐的比例，先在池底放一层盐，然后一层果一层盐逐层码放，在最上层李果表面盖一层盐，然后铺上竹帘压上重物，以防李果在腌渍过程中浮起。一般腌渍18～25天。

（5）晾晒：将盐渍好的李果捞出，沥干水分，摊放在竹帘上进行晾晒，以李果手压不出水、不脱核、富有弹性时为宜。然后，将过大、过小或过湿及结块的李果淘出，留下合格的再进行以下加工。

（6）软化：为了使李干水分内外一致、质地柔软，将晒好的李干堆积起来，用塑料薄膜盖严，或装入密闭容器中，在贮藏室内回软。

（7）杀菌：杀菌有两种方法，一是高压杀菌，将李干用蒸汽处理3～5分钟；二是用占李干重量的0.25％的硫黄熏蒸1.5～2小时（以二氧化硫残留量计，不得大于0.1克/千克）。

（8）包装：常用包装容器有锡铁罐、纸箱、聚乙烯袋等。在纸箱中垫衬 1~2 层防潮纸或蜡纸，用纸将果干包好，或在箱内壁涂上假漆、干酪乳剂、石蜡等防水涂料，然后按规定重量将李干装入箱中，再用衬纸覆盖包严，封箱，贮存于低温、低湿处。一般要求空气相对湿度在 20% 以下，温度在 14℃ 以下。

4. 制品特点

本品质地柔软，咸甜可口。

四、柿、枣类制品

（一）柿子饼

1. 原料

新鲜柿子等。

2. 工艺流程

选料→清洗削皮→日晒压捏→熏硫脱涩→捏晒整形→定型捂霜→分级包装

3. 制作方法

（1）采收选料：柿果因品种、区域、生长地气候等差异，采收期各不相同，一般在8～11月采收。加工柿饼用的柿果以果实黄色减退，稍显红色时采收最好。将采收好的柿果及时分级，选择大小相近，无病斑、虫眼、畸形，外形完好，成熟度一致的柿果做加工用料。

（2）清洗削皮：将选好的柿果用清水冲洗干净，沥干，然后用削皮刀去皮。削皮注意用力均匀，使果皮薄厚一致，以不漏削、不断皮为宜。一般果皮越薄越好。若出现断皮、漏削，要及时弥补，保持果肉光洁平滑。

（3）日晒压捏：将已去皮的柿果均匀排放在筛盘中，在太阳光下暴晒，每天翻动3～4次，使果实晒匀、晒透。经过1星期左右，用手反复压捏，使果肉柔软、组织溶化，做到柔而不烂、溶而不散。要加工成优质柿饼，必须压捏充分，压捏越充分，柿饼品质越好。

（4）熏硫脱涩：柿果含单宁酸较多，涩味大，必须经过充分的脱涩，才能有较好的口感。将捏好的果实放置在熏蒸架上，一般每个架放 5～6 层，层距 15～20 厘米，每千克柿果用硫 1 克（以二氧化硫残留量计，不得大于 0.1 克/千克），密封燃放熏烟 2 小时后，打开封口，使烟雾自然散尽待用。

（5）捏晒整形：将熏好的柿果进行充分捏晒。捏晒的时间依据天气、果实胶着程度而定，一般晒到果肉充分胶着、柔韧性较好时为止。将晒制好的柿果进行整形，一般加工的形状根据加工规格质量而定，多制成中间薄、边缘厚的圆形，并且厚度保持在 1.5 厘米以上。

（6）定型捂霜：将整好形的柿果放在阳光下暴晒，待定型后，放在库房内，堆捂 8～10 天即可制成柿饼。出霜时，应注意上下翻动，防止发生霉变，影响质量。

（7）分级包装：待果饼面凝结一层柿霜后，进行分级分量包装，投放市场销售。包装规格一般为每包 250 克，40 包一箱，每箱 10 千克。

（8）储藏食用：加工好的柿饼在常温下避光防潮储藏，保质期为 6 个月。根据用途，可做食品食用，也可作为药品食用；可生食，也可煮食。

4．制品特点

本品橙黄透明，肉质细软，霜厚无核，入口成浆，味醇甘甜，营养丰富，且耐存放，久不变质，深受人们的喜爱。它还有较高的药用价值，有清热、润肺、化痰、健脾、涩肠、治痢、止血、降血压等功能。柿霜可治疗喉痛、口疮等病症。

（二）黄桂柿子饼

1．原料

鲜柿子、白砂糖、黄桂酱、玫瑰酱、猪板油、青红丝、核桃

仁、面粉等。

2. 工艺流程

选料→制糖馅→制柿子面→制饼坯→烤制

3. 制作方法

（1）选料：选择新鲜柿子，清洗，去蒂揭皮。

（2）制糖馅：将猪板油切成二分大的方块。把青红丝、核桃仁切碎，取面粉 250 克与黄桂酱、玫瑰酱搅拌均匀，再加入板油丁、白糖，用力揉搓，当各种物料掺和出现黏性时，即成糖馅。

（3）制柿子面：将面粉 1 千克堆放在案板上，中间挖个坑。柿子去蒂揭皮后，放在面粉坑里，先剁成糊，再用手将面粉与柿子和匀，搓成软面团，再陆续加入面粉 500 克，揉搓成较硬的面团。把剩下的面粉撒在面团周围，即成柿子面。

（4）制饼坯：取柿子面剂一块（约 50 克），拍平，包入 15 克糖馅，制成柿子饼坯（2 千克面粉可做饼 80 个）。

（5）烤制：将三扇鏊烧热，在底鏊倒入菜籽油 50 克，将饼坯平放鏊里。用铁铲翻转，轻轻压一下，盖上鏊，烙烤 5～6 分钟，底面发黄时，再翻转面，加菜籽油 25 克，烙 5 分钟，待两面火色均匀，即成。

4. 制品特点

黄桂柿子饼，也叫水晶柿子饼，是一种用柿子和面制成的风味食品。西安黄桂柿子饼，是用临潼县产的"火晶柿子"为原料制作成的。这种柿子的特点是：果皮、果肉橙红色或鲜红色，色泽金黄，柿面黏甜，黄桂芳香，果实小，果粉多，无核，肉质致密，多汁，品质极好。

（三）柿子干

1. 原料

鲜柿子等。

2. 工艺流程

选择原料→去皮→干制→捏饼→上霜→包装

3. 制作方法

（1）原料的采收和处理：一般以柿果表皮由黄橙色转为红色时采收为宜。采摘时需留"T"形果柄，要防止果实受伤，以免单宁氧化而使果肉呈现褐黑色，影响柿饼品质。

（2）去皮：目前多采用手工或旋床去皮。旋皮要求旋得薄，不漏旋，基部周围留皮宽度不得超过1厘米。

（3）自然干制：用木椽搭架，架上搭上直径约8毫米、两股合一的麻绳。挂柿时，将"T"字形果柄插进两股绳合缝之间，自下向上挂，直到接近横椽为止。

（4）捏饼：晾晒几天后，当柿的表面形成一层干皮时，进行第一次捏饼。方法是两手握柿纵横捏，随捏随转，直至内部变软，柿核歪斜为止。再晒5～6天，将柿子整串取下，堆起，用麻袋覆盖回软2天。第二次捏饼：用中指顶住柿蒂，两拇指从中向外捏，边捏边转，捏成中间薄四周高起的蝶形。再晒3～4天，又堆1天，再整形1次，晒3～4天，即可上霜。如为人工干制装载量5～6千克/平方米；初温40℃，终温60℃～65℃；干燥时间30～35小时。

（5）上霜：柿霜是果肉内可溶性物质渗出而成的白色结晶，其主要成分是甘露醇和葡萄糖，有润肺止痰功效。各地上霜办法不一，陕西富平县的做法是，将柿子收起，两饼顶部相合，蒂蒂向外。缸中先放一层干柿皮，再放一层柿饼，如此循环，直到装满为止，封缸，置阴凉处生霜。

（6）包装：分级定量包装，即为成品。

4. 制品特点

本品肉质软糯潮润，柿霜白厚不脱，口感糯而甜，无涩味，嚼之少渣。

（四）柿汁

1. 原料

鲜软柿、白砂糖、柠檬酸等。

2. 工艺流程

预备软柿（或残次落果）→洗涤、选果→破碎打浆→加热软化→榨汁过滤→脱涩澄清→精滤→调配→脱气→杀菌→装罐→检验→成品

3. 制作方法

（1）清洗和选果：加工前，必须对柿果进行清洗和挑选，需去除腐烂果实和清洗污物。加工企业大都采用流水输运槽进行预清洗作业，清洗前和清洗后由人工在选果台进行选果，去除腐烂果。

（2）破碎打浆：柿果只适合于用双辊式破碎机，通过调节压距控制破碎度，破碎度以 2～6 毫米为宜，然后用板式打浆机压浆。破碎打浆时喷雾添加 1％维生素 C，防止果肉与空气接触发生氧化而产生褐变。

（3）加热软化：软柿含较多果胶、多糖类等，汁液黏稠，不易直接榨汁。加热前先要加水，加水量为柿浆量的 1/3，同时加入占总重 0.25％的柠檬酸，搅匀，迅速加热至沸，保持 15～20 分钟，立即冷却，就可以榨汁。通过加热处理，细胞的半透性膜被破坏，加速了糖分及其他可溶性物质的溶出，同时果胶及多糖物质水解，蛋白质受热凝固，降低了果汁的黏稠度，有利于柿汁的澄清过滤，提高了出汁率。加热还破坏了各种氧化酶系统，避免了汁液的氧化褐变，有利于柿汁的色泽稳定，柠檬酸的添加也弥补了柿汁酸度不足的缺陷，改善了柿汁风味。

（4）榨汁过滤：将加热过的柿浆用粗布直接过滤得汁，或用挤压式榨机压榨后，过 60 目不锈钢筛，得粗滤液。

（5）脱涩澄清：柿汁粗滤后，其中含有许多悬浮物，根据汁液类型和悬浮物特点选择合适的澄清方法。对于含单宁多的果汁可采用明胶法，加入适量（一般每千克柿汁加明胶 0.5～1 克）明胶可以使柿汁澄清，涩味消失。对于混而不涩的柿汁可采用加酶澄清法，用果胶酶来分解果胶，达到澄清之目的。使用前，必须了解酶与被作用的基质是否亲和。

（6）精滤：脱涩澄清后，果汁仍含有细小黏腻的沉溶物，需要进一步精滤。有条件的可采用真空抽滤，抽滤前加入少量硅藻土、维生素等助滤。也可采用土法代替（大型果汁厂采用的是超滤设备）。

（7）调配：一般天然柿汁的可溶性糖含量为 15%～20%，总酸度为 0.2%左右，其糖酸比过大，需要加酸调配，使糖酸比为 15：0.3 为宜。

（8）脱气：也叫脱氧。脱氧可防止果汁中色素、维生素、香气成分和其他易氧化物的氧化，通常采用真空脱气法，控制真空度 80～87 千帕，温度为 40℃，保持 20 分钟。

（9）杀菌、装罐：脱气后应尽快杀菌装罐，以减少和空气接触的时间。

4. 制品特点

柿汁是用充分成熟的新鲜果实，经破碎、加热软化、榨汁调配而成，不但可直接作为饮料，还是制作柿酒、柿冻、柿晶、柿子汽水及汽酒的原料。

（五）柿肉果冻

1. 原料

鲜柿子、白砂糖、浓缩果汁等。

2. 工艺流程

选择鲜果→清洗→制汁→脱涩澄清→浓缩→配料熬制→装瓶

3. 制作方法

（1）制汁：见上文"柿汁"。

（2）配料：浓缩果汁 50 份，果胶 2 份，氯化钙 0.1 份，糖 5 ～10 份，柠檬酸 0.1 份。糖可事先熬成浓度为 70％～75％的糖浆，趁热过滤，备用。果胶加 10 倍水搅成糊状，不必加热，备用。氯化钙配成浓度为 50％的溶液，备用。

（3）熬制：用真空浓缩锅熬制，当真空表指针达 400 毫米汞柱时，开进料阀门，升温加热，真空度 86.7～96.0 千帕，控温 60℃～70℃。浓缩至含糖 58°，再开阀门吸入果胶液，氯化钙，继续浓缩至糖度 60°，然后打开进气阀，缓缓解除真空，打开出料口，趁热装瓶。

（4）装瓶：如果没有真空浓缩锅，也可用明火熬制，即将果汁、糖浆、果胶、氯化钙依次加入，浓缩至糖度 60°，时间不得超过 1 小时，以免果胶分解影响凝胶力。

4. 制品特点

柿肉果冻不同于果酱，果酱是用果汁而不是果肉与辅料熬煮而成的。合格的柿肉果冻应该呈透明胶状，有红宝石般的色泽，香甜可口，具柿子特殊风味。

（六）糖柿片

1. 原料

柿子 90 千克、砂糖 30 千克、食盐 25 千克等。

2. 工艺流程

原料处理→浸泡→盐渍→漂洗→糖渍→晾晒→成品

3. 制作方法

（1）原料选择、处理：选用果皮变黄色的、经脱涩的柿子做原料。将柿子用不锈钢刀去皮，切成两半，挖除柿蒂，将柿肉修整干净。

（2）盐水浸泡：用食盐 5 千克加水配成浓度为 5%～6% 的盐水，将处理好的柿果肉倒入盐水中浸泡（水量应没过柿子）。为避免柿果氧化变黑，应边处理边浸泡。

（3）盐渍：柿果在盐水中浸 12 小时捞出，压除部分水分，将食盐 15 千克同柿果一层层地装入容器内，盐渍 10 天左右。

（4）漂洗：将柿果捞出，用不锈钢刀切成 3～4 毫米厚的薄片，并用清水将盐分冲淡后捞出（每 4 小时换水一次，共换 5～6 次水），压去水分。

（5）糖渍：将压干水分的柿子片和全部砂糖，按一层柿子片（约厚 16 厘米）、一层砂糖的顺序装入大缸中，糖渍 15 小时。为使柿片均匀地吸糖，须将柿片连同糖液倒换在另一容器内，以后每天上、下午各倒换一次。

（6）晾晒：糖渍 3 天后，即可捞起柿子片，滤出糖液，暴晒 6～8 小时，每隔 2 小时翻动一次，然后倒入用过的原糖液中，按前法糖浸 3 天，再暴晒 6～8 小时。如此反复进行 4～5 次，待全部糖液被吸收后，柿子片糖液已晒成浓胶状的半干体时，即为成品。

4. 注意事项

①如发现有发酵现象产生，可将糖液滤出，加热煮沸、冷却后，继续进行糖渍。

②防止产品结晶（俗称返砂）办法：将捞出暴晒的糖液，用铜锅或不锈钢锅加热煮沸，放入缸中，添加 0.4%（按砂糖重）柠檬酸，搅拌均匀，在糖液内完全溶解，上面用麻袋盖严，保持温度在 90℃，维持半小时。冷却后，继续进行糖渍即可。转化后糖液中还原糖含量约为 20%。

5. 制品特点

本产品外观清亮，甜中带酸，软硬适中，老少皆宜，是探亲访友的佳品。

（七）柿子晶

1. 原料

柿子糖浆 10 份、绵白糖 80 份、糊精 10 份、蜂蜜 1 份、羧甲基纤维素钙 0.5 份、维生素 C 0.1 份、桂花香精 0.06 份。

2. 工艺流程

选料→洗涤、破碎→加热、软化→榨汁、浓缩→配料→制粒→干燥→包装

3. 制作方法

（1）果实洗涤与破碎：先剔除霉烂变质果实，而后浸入清水中洗涤，洗净后沥干水分，用打浆机破碎。

（2）加热、软化：软柿含果胶、多糖类较多，汁液黏重，不易直接榨汁。因此，榨汁前先将柿浆按其重量的 1/3 加水，并同时加总重 0.25％的柠檬酸，搅匀，迅速加热至沸，15～20 分钟后立即冷却，进行榨汁。

（3）榨汁、浓缩：将加热过的柿浆用粗布直接过滤得汁或用榨汁机压榨后过 60 目不锈钢筛，得粗滤液，糖度为 12％～15％，然后低温浓缩至 60％～65％，即得柿子糖浆。

（4）配料：按配方在柿子糖浆中依次加入糊精（或淀粉糖浆）、蜂蜜，搅匀，而后将绵白糖、羧甲基纤维素钙、维生素 C 和香精的均匀混合物倒入，搅拌制成软坯。软坯的湿度以手握成团，轻压即碎为宜，其总含水量为 8％～10％。软坯的软硬干湿可用 70％酒精作适当调整。

（5）制粒：将做好的软坯通过 10 目筛网进行制粒。制粒时可通过制核机或手工通过 10 目筛网的漏筐制成，若制得的颗粒硬度不够，可重新再通过制粒机一次，即可制得硬度较大的颗粒。

（6）干燥：将制好的颗粒平摊于瓷盘内，厚度不超过 1.5 厘

米，送入烘房，控温 60℃～70℃ 进行烘烤，至含水量达 4% 以下。最终成品为橘黄色颗粒，易溶解，溶解果汁为浅黄色。

（7）包装：烘烤合格的柿子晶再经紫外线杀菌、冷却后包装，每包 15～20 克，每 10 包 1 盒，密封，于避光处保存。

4. 制品特点

柿子晶是富含多种维生素及营养成分的固体饮料冲剂。饮用时，用开水冲调，其味甜美。

（八）柿子糕

1. 原料

按 1000 克成品计，鲜柿子 800～1000 克、复合胶凝剂 25～40 克、白砂糖 600～750 克、柠檬酸 8～10 克。

2. 工艺流程

化胶→原料清洗→切片、预煮→打浆、均质→护色→提胶→热糖→配料→烘干→脱膜、包装

3. 制作方法

（1）化胶：将胶凝剂分别称量后混合，再加入少量白砂糖，使其均匀，然后用温开水使其溶化开。

（2）原料清洗：选用成熟的柿子鲜果或未完全成熟的果，挖去腐烂的部分，用清水将其充分洗净后备用。

（3）切片、预煮：为了便于打浆，可把柿子切成片，放入水中煮一段时间，以煮软为度。切柿子应使用不锈钢刀，以防柿子发生褐变。

（4）打浆、均质：鲜柿子经煮软后，加入打浆机中打成浆液，同时将其籽和部分果皮除去，但从打浆机中出来的液还很粗糙，会影响产品的口感及韧性，因此尚需用反复胶体磨合均质机将其磨细。

（5）护色：将浆液的 pH 值调至酸性范围，添加适量抗氧化

剂和护色剂异维生素 C 钠以及金属离子螯合剂 EDTA 等，防止柿子褐变。

（6）提胶：柿子本身含有一定量果胶，将其提取出来有助于减少胶凝剂的用量，降低产品成本。采用磷酸将浆液 pH 值调至 3.0～4.5，在 85℃～95℃ 保温 30～45 分钟。pH 值过低或提胶温度过高，都会加速果胶的水解，降低果胶的凝胶能力。

（7）热糖：往提胶液中加入一定量的白砂糖，搅拌升温至 85℃～95℃，热糖 45～60 分钟。

（8）配料：将复合胶凝剂与热糖液混合，加入已用少量水溶解完全的柠檬酸，调节 pH 值为 2.8～3.2，配料时以液温不超过 80℃、时间不超过 20 分钟为佳。

（9）烘干：烘干过程对柿子糕产品的质量来说，是一个极为重要的环节。必须保证柿子糕整体水分以较均匀的速度蒸发。切忌开始时温度过高，水分蒸发太快，这样容易在其表面形成一层硬膜，影响糕体内部水分的蒸发，产品不易烘干，且易造成产品多孔，从而影响产品的质地和口感。较理想的干燥方法是先在 60℃ 下保温 3～4 小时，然后升温至 70℃～80℃，保温 4～5 小时，最后在 60℃～70℃ 下保温 4～5 小时。

（10）脱膜、包装：该工序宜趁热进行，否则会增加脱膜、成型的难度，降低产品的成品率。一般在 50℃～60℃ 的温度下脱膜效果较好，而后包装即成。

4. 制品特点

本品呈糕状，口感松软细腻，甜美可口，老少皆宜。糖尿病人不宜食用。

（九）无核蜜枣

1. 原料

干红枣 50 千克、绵白糖 30 千克、柠檬酸 100 克等。

2. 工艺流程

选料→去核→浸泡→煮制→糖渍→晾干→烘干→包装

3. 制作方法

（1）选料：挑选个大核小、肉厚皮薄的乳白色枣，按大、中、小三个等级分选，分别进行加工。

（2）去核：将直径 6～8 毫米的铁管一端磨锋利，从枣的一端扎进去，拔出时，将枣核带出。连续操作，枣核则从铁管的另一端不断被顶出。

（3）浸泡：将去核的枣放入清水中浸泡 12 小时，直至皱纹全部膨胀。

（4）煮制：将 25 千克水入锅烧开，加入 17.5 千克绵白糖，再烧开后，将枣倒入，保持开锅 40 分钟。再加 12.5 千克绵白糖及柠檬酸，开锅后煮 20 分钟。

（5）糖渍：将煮好的枣及糖液倒入大缸，浸泡 48 小时。

（6）晾干：将枣捞出，摊在席上，厚 3～4 厘米，晾 12 小时。

（7）烘干：把枣送入 50℃ 的烘干室内。在 30 分钟内把室温逐渐增高到 80℃ 并保持 28～30 小时。待枣皮产生均匀的皱纹，手握枣有"顶手"的感觉时，将枣移出烘干室。或将浸泡好的枣捞出后，摊在席上，厚 3～4 厘米。白天暴晒，晚上收起，以免沾上露水或被雨淋，晒 10～15 天，将枣包装，即为成品。

（8）储存：要注意防潮、防风。

4. 制品特点

本品色泽红润，柔韧香甜。

（十）京式蜜枣

1. 原料

鲜枣、白砂糖等。

2. 工艺流程

选料→分级→清洗→划枣→熏硫→水洗→糖煮→糖渍→初烘→整形→回烘→分级→包装

3. 制作方法

（1）选料：要选个大、核小、肉厚、皮薄的品种。果实应在乳白熟期采收，清除有病虫害和损伤的果实。

（2）分级：将果实按大、中、小分成三级。

（3）清洗：将鲜果用清水洗净。

（4）划枣：用划枣机或划枣器划枣。划丝要均匀，纹距1毫米左右，每果划纹50～80条，深达果肉厚1/3，从一端划到另一端，不得来回乱划。枣的两端要尽量划到。

（5）熏硫：将划丝后的枣坯放入熏硫室，用枣重量的0.4%的硫黄熏蒸2～3小时（以二氧化硫残留量计，不得大于0.1克/千克），待外果皮变成淡黄色即可。也可用浓度为0.5%～0.8%的亚硫酸氢钠溶液浸泡7～10小时，来代替熏蒸。

（6）水洗：将熏硫后的枣坯用清水清洗1次。

（7）糖煮：将50～60千克熏硫后的枣坯放入盛有浓度为50%的糖液的不锈钢锅中，糖液量以浸没枣坯为宜。加入预先溶解的亚硫酸氢钠，用大火加热煮沸。开锅后，加入50%的冷糖液2.5千克，此后一直保持文火。再沸时，再加入50%冷糖液2.5千克。如此重复3次。当枣发软时，分6次加入干砂糖。第1～3次加糖2.5千克和50%冷糖液1千克；第4～6次加糖10千克，最后加糖煮沸10分钟后，加入50%柠檬酸溶液100毫升，继续煮沸10分钟，当枣呈透明饱满时即可。

（8）糖渍：将枣连同糖液一起倒入缸中浸渍48小时，使其吸糖充分。

（9）初烘：将浸渍的枣坯捞出沥干，均匀地摊在竹制枣床上，放入烤房中烘烤12小时左右。前4小时温度保持在55℃～

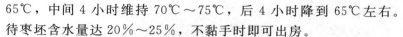

65℃，中间 4 小时维持 70℃～75℃，后 4 小时降到 65℃左右。待枣坯含水量达 20%～25%，不黏手时即可出房。

（10）整形：趁热将枣捏成扁圆形。

（11）回烘：再次将枣坯放入烤房里烘烤 24 小时左右，温度保持在 65℃～70℃，待含水量为 16%～19%时，即可出房，冷却。

（12）分级：将成品分成 4 个级（一级 50～70 粒/千克，二级 90～110 粒/千克，三级 130～150 粒/千克，四级 160～190 粒/千克）。

（13）包装：用聚乙烯塑料食品袋包装。

4. 制品特点

京式蜜枣又称金丝蜜枣、北式蜜枣，是我国三大蜜枣之一（另两种是徽式蜜枣和桂式蜜枣），呈琥珀色，透明或半透明，素有金丝琥珀之称，驰名中外。

（十一）南式蜜枣

1. 原料

枣果、白砂糖及清水等。

2. 工艺流程

选择原料→分级→划缝→洗枣→煮枣→糖渍→焙烘→压扁→干燥→分级→包装

3. 制作方法

（1）选择原料：一般宜选用个大、核小、肉质疏松、皮薄而韧、汁液较少的品种。

（2）分级：将枣果按切枣机进出口径的大小分级，同时剔除畸形枣、虫枣、过熟枣。

（3）划缝：将经挑选的枣果分等级投入切枣机的孔道进行切缝。深度以达到果肉厚度的一半为宜。过深易破碎，过浅不易浸

透糖液。

（4）洗枣：将划缝后的鲜枣置入竹箩筐内，放在清水中洗净，沥干水分。

（5）煮枣：在直径 86.5 厘米的大铁锅内放清水 1～1.5 千克，用水量可根据枣的干湿、成熟度、煮的时间和火力有所增减。倒入砂糖 4.5～5 千克。先把水和糖加热溶成糖液，然后倒入鲜枣 9 千克，与糖液搅拌，用旺火煮熬，不断翻拌并捞除浮起的糖沫。待枣熬至变软变黄时，就减少翻动次数。当糖色由白转黄时，减退火力，用文火缓缓熬煮，煮至沸点温度达 105℃ 以上，含糖量 65％ 时为止，煮枣时间约 50 分钟。

（6）糖渍：将煮好的枣连同糖液倒入冷锅，静置约 45 分钟，使糖液均匀地渗透入枣果，并每隔 15 分钟翻拌 1 次，然后将糖枣倒入滤糖箩中滤去糖液。

（7）焙烘：将滤干糖液的枣果及时送入烘房焙烘，焙烘时火力应先慢后快，焙烘时间约 1 天，每隔 3～4 小时翻动 1 次。

（8）压扁：把经过初焙的枣果用压枣机或手工压成圆形扁平状，以促进干燥并改善外观。

（9）干燥：用具同初焙。火力应先急后缓。因枣果已冷，可用较大火力（75℃～85℃）促使枣面显露糖霜，然后逐渐减小火力，时间 1～1.5 天，先后翻动 8 次，使枣果干燥均匀。焙烘至用力挤压枣果不变形，枣色金黄、透亮，枣面透出少许枣霜即可。

（10）分级：挑出枣丝、破枣，然后把合格的蜜枣分为 6 个等级。特级 60 个/千克，一级 80 个/千克，二级 110 个/千克，三级 140 个/千克，四级 150 个/千克，五级 180 个/千克。

（11）包装：分级后的成品用纸盒或塑料薄膜食品袋分 0.5 千克、1 千克进行小盒或小袋包装，再装入纸箱，每箱装 25 千克。

4. 制品特点

本品糖味醇正，甜性足，肉厚，入口松而不僵硬，面布糖霜，干燥不相黏，刀纹均匀整齐，颗粒大小均匀，枣面色泽金黄，无焦皮，晶莹透亮，是一种营养价值较高的滋补食品，有益脾、润肺、强肾补气和活血的功能。

（十二）焦枣

1. 原料

鲜枣、白砂糖等。

2. 工艺流程

选料→泡洗→去核→烘烤→上糖衣→冷却→包装

3. 制作方法

（1）选料：选择果大、致密、无病虫的上等红枣为原料。

（2）泡洗：将红枣倒入温水缸中洗净，并让其吸胀。

（3）去核：用去核器去核。

（4）烘烤：将去核的枣倒入特制的烘枣笼内（长80厘米、半径25厘米的圆柱形网笼）。笼中央有一个铁轴，支撑枣笼旋转，枣的体积约占总容积的2/3，每分钟40转左右，一般30～40分钟可烘一笼。

（5）上糖衣：在刚烘烤结束的枣面上，按20∶1的比例，喷上刚熬好的糖浆（3份白糖加1份水，熬至120℃），边喷边拌，一定要喷匀，使枣面上形成一层白糖霜。

（6）冷却和包装：将焦枣摊晾在干燥的地方，待冷却后再用双层聚乙烯塑料袋包装。

4. 制品特点

焦枣又称脆枣，焦香酥脆，风味独特。

（十三）枣脯

1. 原料

干红枣、白砂糖、柠檬酸等。

2. 工艺流程

选料→去核→泡洗→煮制→浸枣→烘干→包装

3. 制作方法

（1）选料：选用完全成熟的已干红枣，剔除霉枣、斑枣，要求枣体完整，大小均匀，无破皮。

（2）去核：将选好的枣用去核机把枣核捅掉，要求出核口直径不大于 0.7 厘米，口径完整无伤，捅孔上下端正，无破头。

（3）泡洗：将去核的枣倒入 50℃～60℃的热水中，轻轻搅拌，泡洗 20～30 分钟，待枣肉发胀，枣皮稍展，吃透水分后，捞出沥净枣皮表面的水。洗尽污物后使枣皮舒展，在糖煮时吃糖均匀，色泽一致。

（4）煮制：先配制好糖液（15 千克白砂糖加 15 千克水、15～18 克柠檬酸），然后将泡洗好的枣倒入精液锅内加火煮制，当温度升到 100℃以上时停止加热。

（5）浸枣：将煮好的枣捞出，倒入配有桂花、玫瑰、蜂蜜等原料的浓度为 55％的糖液中冷浸 24 小时，直到枣肉吸饱糖浆为止。

（6）烘干：将浸好的枣捞出，用 90℃的热水迅速冲净表面糖浆，装入烤盘（注意不能装得太厚），送入烤房烘烤。烘烤温度以控制在 55℃～60℃为宜，烘烤 10～12 小时，待枣水分降低至 15％左右，手感外硬内软即可。

（7）包装：枣脯烘好后，趁热整形，然后冷却到室温，分级包装。

4. 制品特点

红枣是我国传统的食品，枣脯更受国内外消费者的欢迎。目前枣脯多用鲜枣制作，但鲜枣不易储藏，使枣脯的加工生产受季节制约。上面所介绍的干红枣生产枣脯技术，使枣脯的加工能够常年生产。

本品脯体饱满，呈半透明状，色泽紫红明亮，香味浓郁，味美适口。枣脯营养丰富，具有润肺益肾、补气活血之功能，是一种较好的滋补品。

（十四）甜桂花枣

1. 原料

小红枣、糖桂花（或糖玫瑰）等。

2. 工艺流程

选料→浸泡→煮制→加香→晾凉→成品

3. 制作方法

（1）选料：选用小型没有生虫的红枣。

（2）浸泡：先将红枣用温水浸泡、洗净，放入锅内，加水浸没红枣。

（3）煮制：锅置大火上煮开后，用文火焖煮红枣，煮至汤汁浓缩而较少时，再用小火，成为透明的蜜汁时，枣子颜色呈深玫瑰色，要防止焦煳。

（4）加香：速加入糖桂花（或糖玫瑰），拌匀再加煮1～2分钟即可。

（5）晾凉：铲出摊开，晾凉即为成品。

4. 制品特点

本品为表面沾有桂花（或玫瑰花）的深玫瑰色皱枣，花香浓郁，甜而不腻。

（十五）醉枣

1. 原料

鲜枣 10 千克、高度粮食白酒 1 千克，按此比例配料。

2. 工艺流程

选料→清洗、风干→涮酒→入缸→装袋

3. 制作方法

（1）原料要求：①要摘枣，勿用棍棒打枣。或摇晃枣树枝条，地面铺置软性下垫物（如草帘、席、塑料布等），以防外伤杂菌污染，内伤形成结块。②防止运输污染、受伤，若用旧麻袋包运，须将麻袋清洗干净，晾干再用。

（2）选料：可分两个采摘期，华北地区农谚有"七月十五红圈，八月十五落竿（收获）"之说。农历七月十五大体相当于公历 9 月 10～15 日，"红圈"系指此期大体有 1/3 鲜枣果柄外缘周边转红，1/3 处于乳白期，另 1/3 还在挂青。此期应选红圈枣和乳白后期即将转红的鲜枣。红圈之后逐渐全红。两个时期均需选用无内外伤、无病虫害、枣果饱满、均匀不软的鲜枣。

（3）清洗风干：将选好的枣果用流动清水冲洗干净，摊放席上，晾除表皮水分，备用。

（4）涮酒：将晾除浮水的鲜枣按枣与酒 10：1 的比例分批放入酒中涮过捞出，涮过的酒体要求清澈如初。

（5）入缸：将涮酒枣装入事先洗净揩干的缸内，缸口盖一层厚牛皮纸，捆紧扎严，再盖双层塑料布，再捆紧扎严，要切实严密封紧，勿使漏气，15 天即可将枣醉好。接着便可出缸，并用塑料薄膜真空包装，装盒入箱即为成品。

4. 制品特点

本品醇香浓郁，色泽鲜红，脆甜宜人，又可长期保存。

（十六）枣酱

1. 原料

鲜枣、白砂糖、淀粉等。

2. 工艺流程

原料挑选→原料预处理→软化、打浆→配料→浓缩→装罐、密封→杀菌、冷却→检验→贴标签→成品

3. 制作方法

（1）原料挑选：选取一级干红枣，剔除霉烂、破裂、虫害、变色枣。

（2）原料预处理：用流动清水冲洗枣表面泥沙及杂质，用清水浸泡12小时，再用流动清水洗净沥干。

（3）软化、打浆：取红枣100千克，加水50千克，在夹层锅中加盖焖煮1～2小时，中间翻动几次，至枣软烂，手搓时皮肉很容易分离为止。手工去除枣核（或在原料预处理时用去核机去除），然后用孔径0.2毫米或0.5毫米的打浆机打浆，再用尼龙网滤去枣皮。

（4）配料：枣泥浆100千克、砂糖75千克、琼脂0.2千克、淀粉6千克、桂花或玫瑰4.5千克、花生油3千克。

（5）浓缩：将枣泥浆、浓度为70％的糖浆、浓度为20％的淀粉水加入夹层锅中混匀。在2.5～3千帕蒸汽压下，加热浓缩，要不停地搅拌，防止煳锅。加热浓缩至可溶性固形物占50％，再加入琼脂液。当可溶性固形物达53％～55％时，加入桂花或玫瑰香精及油脂，继续浓缩10分钟，停气出锅。

（6）装罐、密封：枣酱浓缩完毕，趁热装入规格为12厘米×17厘米的两层蒸煮袋中，酱体温度要不低于85℃，装袋量200克（可用装罐机）。装袋时严防罐口粘附果酱，封口要牢固、整齐，用真空封口机封口。

（7）杀菌、冷却：采用100℃高温杀菌5～15分钟，杀菌后迅速分段淋水冷却至38℃以下。

（8）检验、贴标签：检验合格者贴标签即为成品。

4. 制品特点

本品为棕红色不透明的胶黏状酱体，具有红枣、玫瑰或桂花应有的良好风味，香甜适口，无焦糊味和其他异味。

（十七）枣露

1. 原料

鲜枣、白砂糖、柠檬酸等。

2. 工艺流程

选料→烘烤→浸泡、提取、过滤→配制→脱气→装瓶→杀菌→冷却

3. 制作方法

（1）选料：选择色泽深，香味浓郁的红枣，在流水中洗净，去除杂质及病虫果、霉烂果，放于筛子上控干水分。

（2）烘烤：将选净控干的红枣放在浅盘中，于烘房或烤箱中烘烤。保持烘烤温度在60℃，待枣果发出香味后升温至80℃，1小时后枣果发出焦香味，果肉紧缩，果皮微绽开时取出放凉。

（3）浸泡、提取、过滤：将烘烤过的红枣放在水中浸泡，使果肉微胀，然后开始加温，使水温保持在60℃，浸提24小时，并经常翻动。当浸提出的枣汁可溶性固形物含量约为10%时，静置后取上层清液，并用纱布过滤备用。

（4）配制：枣汁85千克、浓度为75%的糖液15千克、柠檬酸0.1千克、枣香料0.01千克，首先将前三种原料在夹层锅中混匀。

（5）脱气处理：在保持枣汁温度为50℃～70℃的情况下，用真空脱气机进行脱气处理，要求脱气真空度为680～700毫米

汞柱，需5分钟左右，以防霉变和褐变。

（6）装瓶、密封：将脱气的枣汁迅速升温至85℃以上，加入0.01%枣香料，注入装汁机中趁热装瓶，立即密封。

（7）杀菌、冷却：将装瓶后的枣汁在沸水中保持15分钟左右，取出用喷淋法迅速冷却降温至40℃左右，枣露即制作完成。

4. 制品特点

本品为棕红色混浊液，香甜爽口，具有降低胆固醇、增强心肌收缩力、扩张冠状动脉、养血安神、延年益寿之功效。糖尿病人不宜饮用。

（十八）银耳红枣饮料

1. 原料

红枣、银耳、蜂蜜等。

2. 工艺流程

（1）银耳浸提液的制取

选择银耳→去杂→浸泡→清洗→切碎→热浸提→过滤→银耳浸提液

（2）红枣枣浆的制取

挑选红枣→清洗→烘烤→浸泡→熬煮→打浆→过滤→枣浆

（3）银耳红枣饮料的制取

银耳浸提液、银耳小碎片、枣浆、蜂蜜和柠檬酸混合调配→均质→装瓶→杀菌→冷却→成品

3. 制作方法

（1）银耳的处理

①选料、去杂：选择色泽洁白、肉质肥厚的高品质银耳为原料，去除杂质。

②浸泡、清洗：用25℃～30℃的水将挑选好的银耳浸泡2～3小时，直至银耳充分吸水膨胀，手捏时柔软有弹性。将浸泡后

的银耳清洗干净备用。

③切碎片：将清洗后的银耳用不锈钢剪刀剪成 3 毫米×4 毫米左右的小碎片，一方面利于浸提，另一方面也是为了增加饮料的口感风味及视觉效果。

④热浸提、过滤：将处理好的银耳碎片放入锅中加水熬煮，熬至小碎片用手指用力可捏烂，放入口中有咀嚼感。一般熬煮时间为 20～25 分钟。将熬煮好的料液过滤，可以得到银耳浸提液和银耳小碎片。

（2）红枣的处理

①红枣的挑选、清洗：选择成熟度高、肉厚核小、果肉紧密、枣香浓郁的红枣，剔除霉变、虫蛀部分，用水清洗干净。

②烘烤：将清洗干净的红枣沥干水分，进行烘烤。若加工量大，可采用烘房；若加工量小，也可采用烘箱。将红枣在 60℃ 温度下烘烤 1 小时，然后继续在 80℃～90℃下烘烤 1 小时左右。待红枣发出焦香味，将其取出晾凉。

③浸泡、熬煮、打浆、过滤：将烘烤后的红枣加适量水浸泡至枣肉膨胀，然后入锅熬煮至枣肉熟烂，用打浆机打浆。最好进行两次打浆，第一次打浆筛网孔径为 0.8 毫米，第二次打浆筛网孔径为 0.4 毫米。浆料过 80 目筛，控制加水量，使枣浆的质量分数为 20%左右。

（3）银耳红枣保健饮料的配制

①配方：生产 100 千克饮料的原辅料配比为：银耳浸提液 65.70 千克，银耳小碎片 10 千克，红枣浆 15 千克，蜂蜜 9 千克，柠檬酸 0.15 千克，琼脂和海藻酸钠混合液 0.15 千克（琼脂和海藻酸钠的质量比为 2∶1）。

②混合调配：将以上主辅料放在调配罐中，搅拌均匀后，经均质机在 15～18 兆帕的压力下均质两次，制得均匀稳定的混合液。

③装瓶：将均质后的料液装入容量为 250 毫升的透明玻璃瓶内，以增加银耳红枣饮料的视觉效果。再按配方要求称取银耳小碎片装入玻璃瓶中，用封罐机封口。

④杀菌、冷却：将封口后的瓶装饮料放入温度为 95℃～100℃的热水中常压杀菌 30 分钟，然后将其冷却。玻璃容器应采取分段冷却的方式，即 100℃→80℃→60℃→40℃→室温。如果采取其他容器包装，杀菌后就可迅速冷却至常温，即得成品。

4. 制品特点

本品色泽红润，呈半透明状，银耳小碎片大小一致，悬浮均匀、性质稳定，不分层，不沉淀，具有明显的枣香味和银耳香味，口感醇厚、酸甜适中，是种清新淡雅、营养丰富的高档饮品，非常适合中老年人饮用。

（十九）菊花枣酒

1. 原料

干枣 100 千克、干菊花 0.3 千克、红曲 3.8 千克、白药 0.24 千克等。

2. 工艺流程

选择大枣→清洗→破碎（菊花→清洗）→蒸煮→降温→拌药搭窝→拌曲并罐→搅拌→压滤→煎酒→过滤→装罐→成品

3. 制作方法

（1）清洗：除去菊花上黏有的可溶性杂质及沙石等杂物。清洗大枣时，首先在容器中放入干枣，然后冲入符合饮用水标准的干净水，浸泡 4 小时后，再经搅拌捞出。捞出的大枣再用流动干净水冲洗一遍即可。

（2）破碎：为使清洗后的菊花和大枣有利于糖化和发酵，需对其进行破碎。破碎设备为普通破碎机，破碎后的大枣皮及核无需除去。

（3）蒸煮：将破碎后的菊花和大枣倒入蒸笼中，置于汽灶上开蒸汽进行蒸煮。蒸汽透出的时间应控制在 15 分钟以上。

（4）降温：将蒸煮的菊花和大枣置于空气中自然晾凉至 30℃～32℃时，便可将其倒入发酵罐中。

（5）拌药搭窝：每 100 千克干枣原料加 240 克白药拌入降温后的菊花枣泥中，枣泥在发酵罐中搭成 U 字形的圆窝后，保温约 18 小时，至窝中出现甜液。此时保持品温不超过 30℃～32℃，每天用勺从圆窝中取甜液浇枣泥面 3～5 次。40 小时后，品温逐渐下降到 24℃～26℃。60 小时后拌入红曲。

（6）拌曲并罐：菊花枣泥拌入白药 60 小时后，每 100 千克干枣加入 3.8 千克红曲、15 千克水，搅拌均匀。然后将两罐合并为一罐，以增加体积，使拌曲后品温保持稳定。

（7）搅拌：拌曲并罐 20 小时后，品温上升到 30℃左右，即需要进行搅拌。搅拌后品温下降至 28℃～29℃，搅拌的次数和时间要根据罐内发酵情况而定。约经 14 天酒醪成熟，即进行压滤。

（8）压滤：将成熟的发酵醪灌入袋，置于压榨机内进行压榨，慢慢加重压力，保持淌出的酒液清亮。压榨后的清酒贮入缸内，经 8 天以上的澄清，进行煎酒。

（9）煎酒：生酒中含有多种微生物和酶，不能长期贮存，必须经过加热杀菌灭酶。另外，加热还可以促进菊花枣酒的熟化和蛋白质的凝结，使产品清亮透明。煎酒时间为 15 分钟，温度为 85℃。因为煎酒时温度高，酒精要挥发，所以煎酒器必须装有回收酒精的冷凝器，以减少酒精的损耗。

（10）过滤：煎好的熟酒通过板框过滤机精滤后，得到具有保健作用的菊花枣酒。过滤得到的清酒直接进行灌装。

4. 制品特点

本品呈枣红至深褐色，清亮透明，具有菊花枣酒特有的香气，口感醇和、爽口，无异味。菊花中的有效成分包括挥发油、氨基酸、黄酮类及微量元素等。大枣营养丰富，不仅含有糖、蛋白质和脂肪，还含有丰富的维生素和矿物质，有平肝明目、养血安神之功效。

（二十）天然枣醋

1. 原料

鲜枣、谷糖、大曲等。

2. 工艺流程

洗净原料→浸泡→粉碎→加曲→发酵→过滤→储存

3. 制作方法

（1）原料处理：将做醋的枣洗净，于清水中浸泡 24 小时，压碎或粉碎。

（2）加曲：每 10～15 千克枣加粉碎的大曲 1 千克，加相当于枣重 3～5 倍的水，再加枣重 15％的谷糖和 5％的酵母液，拌匀以后入缸，缸口留 17 厘米左右的空隙，然后用纸糊严，加盖压实。

（3）发酵：入缸后 4～6 天，酒精发酵大体完成，可将盖去掉（但不去纸），在阳光下暴晒。34℃是醋酸菌繁殖的最适温度，15～20 天可完成醋酸发酵。

（4）成品：发酵物过滤后即为淡黄色的新醋。每 100 千克新醋加食盐 2 千克和少量花椒液，再贮藏半年即成熟，醋味既香又酸。

制作方法也可简化，不加酵母和大曲。将枣洗净放入缸、坛中，加相当于枣重 5 倍的清水，放于温暖处，冬季可放在住人的屋内，让它自然发酵。夏季 1～2 个月，冬季 3～4 个月，发酵就可完成。

4. 制品特点

本品为天然发酵，所得食醋为淡黄色，醋味醇香，酸味醇正。

五、山楂、葡萄、板栗类制品

（一）山楂脯

1. 原料

山楂、白砂糖等。

2. 工艺流程

选择原料→清洗→去核→护色→漂洗→抽空→一次糖煮→再次糖煮→浸泡→散热→摆盘→烘烤→分级→包装

3. 制作方法

（1）选择原料：所选果实应新鲜，成熟适度，无霉烂、病虫害，剔除过熟及过小的果实。山楂制脯要选择适宜加工的山楂品种，即质地不能太硬或太软，果皮不宜太厚或太薄。如质地硬、皮厚，果胶溶不出，糖液渗透困难；质地软、皮薄，又会煮烂，不成形。应根据色泽及质地情况，选择适宜制脯的品种。

（2）清洗：先用流动水将山楂冲洗一次，去除表皮泥沙、杂质。

（3）去核：用捅核器去净核、花萼、果蒂，尽量避免把果捅烂。

（4）护色：去核后的山楂必须浸泡在浓度为 1%～2% 的洁净食盐溶液中进行护色，以避免氧化。然后进行漂洗。

（5）抽空：把经过以上处理后的山楂倒入浓度为 30% 的糖液（温度约 40℃）中，在真空度为 0.09 兆帕的条件下抽空 40～50 分钟，放气 10～15 分钟，以抽透为度。

（6）一次糖煮：配制浓度为 40％的糖液加热煮沸，倒入真空渗糖后的山楂，糖煮 3～5 分钟捞出。

（7）再次糖煮：配制浓度为 50％的糖液，倒入一次糖煮后的山楂，糖煮 3～5 分钟加糖一次，达到 58％～60％的糖液浓度后捞出。

（8）浸泡：经过一次糖煮的山楂要浸泡 6 小时，再进行第二次糖煮；经过二次糖煮的山楂要浸泡 12 小时，等待摆盘。

（9）散热：在煮制完山楂，进入浸泡阶段后，要及时、不断地轻轻上下翻动山楂，以求加快散热，避免闷烂果。

（10）摆盘：渗透不好的山楂要挑拣出来，重新回锅再煮，盘里摆的山楂不要太密。

（11）烘烤：烘烤温度控制在 60℃，烘烤约 8 小时即可。烘烤 5 小时后，可上下倒盘和翻盘，使山楂受热均匀。

（12）分级、包装：烘好的山楂倒入桌上用白布盖一下，然后再挑拣、包装。包装最好采用真空包装。

4. 制品特点

山楂脯又名红果脯，形如弹丸，色泽鲜艳，质地透明，甜酸适口，营养丰富。

（二）山楂蜜饯

1. 原料

山楂、白砂糖等。

2. 工艺流程

选择原料→洗涤→去核→糖煮→糖渍→浓缩→装罐→杀菌→冷却

3. 制作方法

（1）选择原料：选择新鲜、成熟、个头较大的山楂，剔除腐烂、萎缩、干瘪及病虫果。

（2）洗涤：用清水漂洗干净果面的灰尘、污物及杂质。

（3）去核：用捅核器将果柄、果核及花萼同时去掉。

（4）糖煮：成熟度低、组织紧密的山楂，用浓度为30％的糖液，在90℃～100℃的温度中煮2～5分钟；成熟度高、组织较疏松的山楂用浓度为40％的糖液，在80℃～90℃的温度中煮1～3分钟。煮至果皮出现裂纹，果肉不开裂。糖煮时所用的糖液重量为果重的1～1.5倍。

（5）糖渍：配成浓度为50％的糖液，过滤后备用。将经过糖煮的山楂捞出后放入浓度为50％的糖液中浸渍18～24小时。

（6）浓缩：先将浸渍山楂的糖液倒入夹层锅中煮沸，再将山楂倒入锅内，继续煮沸15分钟，按100千克果加15千克糖的用量，将糖倒入锅中，浓缩至沸点温度达104℃～105℃即可出锅。

（7）装罐、杀菌与冷却：将浓缩后的山楂与糖浆按一定的比例装入罐内，立即封盖。在沸水中杀菌15分钟，取出冷却至40℃即可。

4. 制品特点

本品呈紫红色、透明、有光泽、酸甜适口，有原果风味，成品总糖含量为60％。

（三）山楂糖葫芦

1. 原料

山楂、白砂糖等。

2. 工艺流程

选择原料→清洗、去核→穿串→熬糖→蘸糖、冷却

3. 制作方法

（1）选择原料：选用充分成熟，果形较大，色泽艳红，无病虫害的果实做原料。

（2）清洗、去核：用清水将果实洗净，用捅核刀除去果蒂、

果柄及果核。

（3）穿串：将5～6个果实穿在15～20厘米长的竹签上。

（4）熬糖：将糖和水按5∶1的比例放置于锅中，加热煮沸，持续沸腾20分钟左右，熬糖至无水蒸气上升为止。

（5）蘸糖、冷却：将串好的山楂果在熬好的糖液表面滚动一圈，使果实表面均匀地黏着一层糖液，冷却即为山楂糖葫芦。

4. 制品特点

本品为成串去核山楂，外有透亮糖衣包裹，色红味美，酸甜可口，有消积食、助消化、降血脂、降低血清胆固醇等作用，是人们喜爱的可口食品。

（四）桂花山楂糕

1. 原料

鲜山楂40千克、木糖醇20千克、白砂糖20千克、桂花酱10千克、水10千克。

2. 工艺流程

选料→清洗→打浆→配料→真空浓缩→高压成型→包装

3. 制作方法

（1）选料：选择成熟度适中、形态饱满、色泽鲜艳、无病虫害、无腐烂霉变的新鲜山楂为原料。

（2）清洗：将选好的原料用清水漂洗干净。

（3）打浆：在夹层锅内加入适量水，加热将山楂煮至软烂，然后将山楂和水一起装入筛孔直径为1毫米的打浆机中打成细浆。

（4）配料：先按配方将木糖醇和白砂糖倒入夹层锅中加水溶解，再将桂花酱在胶体磨中磨成细浆。然后开动搅拌机并加温，依次加入桂花浆和山楂浆，不断搅拌，使原料充分混合均匀。

（5）真空浓缩：将配好的料打入真空浓缩罐，在温度为

50℃、真空度为0.09兆帕的条件下边搅拌边浓缩。当含水量降到20%左右时破除真空出锅。

（6）高压成型：浓缩好的原料要注意保温，然后装入特制的超高压成型机，产品形状可根据实际需要控制。操作过程中，先抽真空到0.85兆帕，保持20分钟，然后开启液压高压装置，当压力达到1兆帕时，保持5分钟，然后破除真空，退出液压装置，使产品脱离模具。

（7）包装：将高压成型的山楂糕输送到包装机上趁热包装，并将包装好的山楂糕在60℃下杀菌10分钟，再自然降温到30℃，用冷风吹干表面水分后，即为成品。

4. 制品特点

桂花山楂糕色泽鲜艳、酸甜适口，既是休闲食品，又可作为餐桌上的美味佳肴。

（五）山楂果丹皮

1. 原料

山楂、白砂糖等。

2. 工艺流程

选料→软化打浆→配料浓缩→刮平干燥→包装→成品

3. 制作方法

（1）选料：选用充分成熟、色泽好、无病虫害的山楂，将果实洗净。

（2）软化打浆：按山楂∶水为1∶（0.5～0.8）（重量比）的比例，将山楂和水同时倒入锅内，加热软化30分钟，以果实软烂为度。然后将果实倒入打浆机内打浆，用孔径0.5～0.8毫米的筛网粗滤，除去种子及皮渣。

（3）配料浓缩：将得到的浆液倒入锅内，加浆液重40%～50%的白砂糖，搅拌均匀，浓缩至固形物含量达70%以上。

（4）刮平干燥：将长×宽×高为 45 厘米×40 厘米×0.4 厘米的模框放在玻璃板上，倒入浓缩后的山楂泥，刮平，然后连同玻璃板送入烘房干燥，干燥温度为 60℃～65℃，当干至具有一定韧性时揭起，再放入烘盘内干燥至水分为 13％～15％即可。

（5）包装：将烘干后的山楂片切成 10 厘米×5 厘米的长条，表面均匀撒一些白砂糖，卷成筒状，用玻璃纸包装即为成品。

4. 制品特点

本品为浅红色或暗红色片状卷筒，颜色均匀一致。成品细腻而有韧性，酸甜适口，含糖量为 60％～65％，含水量在 18％以下，具有山楂果丹皮应有的风味。

（六）山楂酱

1. 原料

山楂、白砂糖等。

2. 工艺流程

选料→清洗→软化→打浆→加热浓缩→装罐→封口→杀菌→冷却→成品

3. 制作方法

（1）原料要求：山楂果实充分成熟，色泽好，无病虫害，无腐烂现象。

（2）清洗：将果实用清水漂洗干净，并除去果实中夹带的杂物。

（3）软化、打浆：按山楂果实∶水为 1∶0.5（重量比）的比例，称取果实和水置于锅中加热至沸，然后保持微沸状态 20～30 分钟，将果肉煮软至易于打浆为止。果实软化后，趁热用筛板孔径为 0.8～1.0 毫米的打浆机进行打浆 1～2 次，除去果梗、核、皮等杂质，即得山楂泥。

（4）加热浓缩：按山楂泥∶白砂糖为 1∶1 的比例配料，先将白砂糖配成浓度为 75％ 的糖液并过滤，然后糖液与山楂泥混合入锅。为了防止返砂，白砂糖用量的 20％ 可以用淀粉糖浆代替。原料入锅后即可加热浓缩，浓缩中要不断地搅拌，防止焦煳。

(5) 装瓶、密封：趁热装瓶，保持酱温在 85℃ 以上，装瓶不可过满，所留顶部空隙以 3 毫米左右为宜。装瓶后立即封口，并检查封口是否严密。瓶口若黏附山楂酱，应用干净的布擦净，避免储存期间瓶口发霉。

(6) 杀菌、冷却：5 分钟内升温至 100℃，保温 20 分钟，杀菌后，分三段冷却至 37℃，尽快降低酱温，冷却后擦干瓶外水珠即可。

4. 制品特点

本品呈红色或红褐色，酱体均匀一致，无糖晶体析出，具有山楂应有的风味，无杂质，酸甜适口，无焦煳味及其他异味。成品总糖含量不低于 50％，可溶性固形物含量不低于 65％。

（七）糖水山楂

1. 原料

鲜山楂、白砂糖等。

2. 工艺流程

选料→清洗→软化→装瓶→杀菌→降温→储存

3. 制作方法

(1) 选料：选成熟、新鲜的大山楂，其果肉呈红色或紫红色，果实直径大于 2 厘米，不腐烂，无虫蛀，无黑斑和机械损伤。

(2) 清洗、软化：将去果柄、果核，不破裂的山楂清洗 3 次，放入 70℃ 的温水中浸泡 1~2 分钟，进行软化，捞出后放入冷水中冷却 2~3 分钟，再捞出沥干备用。将玻璃瓶洗净，瓶盖、

胶圈用水煮沸 5 分钟。

（3）装瓶：每瓶装山楂 200 克，温度为 30℃～40℃、浓度为 40％的糖水约 305 克（距瓶口 6～8 毫米处为止）。装好后，将瓶放在 100 度的排气箱或笼屉内加热 10 分钟，使瓶中心温度达 75℃，用封盖机封罐。

（4）杀菌：封罐后，采用逐渐升温法达到杀菌目的。将罐头装入篮筐内，连筐放入 30℃～40℃温水中，加热到 100℃，维持 20 分钟即可杀菌。

（5）降温、储存：采用三级逐渐冷却法（每级温差 20℃），当温度降至 38℃～40℃时，取出并擦净。经检查无破损即可送 25℃左右的库房贮存，观察 5～7 天，无异常时即可贴商标，装箱出售。

4. 制品特点

本品果实色泽一致，呈红色或深红色，大小整齐，软硬适度，糖水较透明，浓度为 14％～18％，甜酸适口，无异味。

（八）山楂果冻

1. 原料

山楂、白砂糖等。

2. 工艺流程

原料预处理→软化→过滤→加糖、浓缩→装罐、称重→密封→杀菌、冷却

3. 制作方法

（1）原料预处理及软化：果实新鲜良好，成熟度为八九成，无霉烂、病虫害及僵果、死果。将新鲜山楂去柄及花萼，清洗一次，切成 2～4 瓣，倒入夹层锅中并加水熬煮，果肉与水量之比为 1：1，加热温度维持在 85℃～90℃，时间 1 小时。加热过程中不断搅拌。

（2）过滤：将加热后的果肉与果汁倒入布袋，用压榨机榨出汁液，袋中果渣称重后倒入夹层锅中，加与其等量的水，按上述方法熬汁、装袋、压榨。将两次所得的山楂汁合并使用。

（3）加糖、浓缩：将提取的山楂汁称重后倒入夹层锅中加热煮沸。当汁温到101℃或浓缩至原果汁量的3/5时，开始加事先熬制和过滤好的浓度为70%的浓糖液。糖液中加糖量为原汁量的40%～60%，继续加热浓缩，至沸点温度达105℃～106℃。

（4）装罐、称重：装罐时果冻温度应保持在80℃～90℃，迅速称重后加盖密封。

（5）杀菌、冷却：杀菌条件为85℃下保持20分钟，结束后，瓶先放入50℃热水中，数分钟后移入冷水中冷却至38℃。

4. 制品特点

本品为鲜红色冻体，透明而有光泽，冻体置平面上不流散、塌陷，削切不黏刀，软硬适度，口感细腻，酸甜可口，具浓郁的山楂香味，无焦煳味及其他异味。

（九）山楂果茶

1. 原料

山楂、胡萝卜、白砂糖、黄原胶、蜂蜜等。

2. 工艺流程

选择原料→清洗→预煮→打浆→混合调配→均质、脱气→杀菌→装罐→成品

3. 制作方法

（1）选择原料：山楂果实新鲜良好，成熟适度，无病虫害及霉烂。胡萝卜应肉质鲜嫩，肉质和芯柱呈橙红色，中心无粗筋，无病虫害及霉烂现象。

（2）清洗、预煮：将山楂、胡萝卜清洗干净。胡萝卜采用碱液去皮，冲洗干净，然后将山楂、胡萝卜分别切片，放入夹层锅

内预煮软化。预煮时间为 10～20 分钟。

（3）打浆：分别打浆，筛孔直径为 0.6 毫米。

（4）混合调配：将山楂泥浆和胡萝卜泥浆混合，再加入蜂蜜；然后将白糖与黄原胶混合，充分搅拌，使黄原胶溶解。

（5）均质、脱气：将调配好的果料在均质机中均质，然后通过真空泵脱气。

（6）杀菌、装罐：用高温瞬间杀菌，在不低于 95℃ 的温度下进行热装罐，迅速封口，然后冷却，即为山楂果茶。

4. 制品特点

本品酸甜清香，富含胡萝卜素、山楂酸和黄酮类等多种生理活性成分，具有明目、健脾胃、促消化、化滞消积、增进食欲、改善胃肠功能及祛瘀等功效。

（十）酸梅山楂饮料

1. 原料

山楂 200 克，乌梅 50 克，陈皮 1 小块，果葡萄浆 100 克，蛋白糖、柠檬酸各少许。

2. 工艺流程

（1）山楂选料→清洗→打浆→煮制→过滤→调配→杀菌→装瓶→冷却

（2）乌梅选料→去核→捣碎→煮制→过滤

3. 制作方法

（1）山楂原汁准备：挑选色泽鲜艳、饱满完好的成熟山楂果，用清水冲洗，除去杂质，加入适量水，用打浆机打浆。然后，将打好的山楂浆放入锅内，加少许柠檬酸，微沸约半小时，其间应不断搅拌。再用单层洁净纱布过滤，除去果渣，所得汁液静置处理即得山楂原汁。

（2）乌梅陈皮液提取：挑选个大肉厚、核小、外皮乌黑、肉质柔软的乌梅，用清水冲洗，除去杂质，手工去除内核，与相当于乌梅重量的水和一块洗净了的陈皮一同加入捣碎机中，进行粉碎。然后将所得浆液与 3 倍重量的净化水一并倒入锅中，煮制半小时，不停搅拌，再用双层纱布过滤，除去残渣，过滤液冷却待用。

（3）调配：将果葡萄浆、蛋白糖、柠檬酸（如料液较酸，就不要加柠檬酸）加入适量净化水充分溶解，再加入山楂汁和乌梅、陈皮提取液，一同倒入捣碎机中，再捣匀一次，充分混合。

（4）杀菌、装瓶、冷却：将复合汁液迅速加热至 90℃，保持 5～10 分钟，做杀菌处理。杀菌后的果汁趁热装入已消毒的瓶中，立即密封，待冷却后即可饮用，或入冰箱存放备用。

4. 制品特点

本品酸甜清香，富含山楂酸和黄酮类等多种生理活性成分，具有健脾胃、促消化、化滞消积、增进食欲、改善胃肠功能及祛瘀等功效。

（十一）山楂汁

1. 原料

山楂、白糖、含 50％白糖的糖浆、六偏磷酸钠、食用色素等。

2. 工艺流程

选料→清洗→浸泡→调糖度、酸度→加热→装瓶→灭菌→冷却→成品

3. 制作方法

（1）选料、清洗：选取新鲜、成熟、无病虫害、不腐烂的果实，用水冲洗干净，除去杂质。

（2）浸泡：用打浆机或破碎机将山楂粉碎，再用浓度为30％、温度为 90℃的糖水浸泡 24 小时（糖水量为果肉的 2 倍）

后，捞出果肉（或沥出果汁），再以同样比例的清水把果肉煮沸20～30分钟，并浸泡24小时，沥出汁液，倒入上述（第一次浸泡）糖水中。

（3）调糖度、酸度：将两次混好的山楂汁加入浓度为50％的糖浆，把糖分浓度调到16％，加柠檬酸使酸度达到0.6％，再加适量的六偏磷酸钠和食用色素。

（4）过滤、加热：充分搅拌后，用细布或白纱布过滤，过滤后加热至80℃，装瓶、压上瓶盖，在90℃的热水中加热20分钟，取出，冷却至40℃时即可入库。

4. 制品特点

成品呈深红色，半透明，静置后有少量沉淀，原汁液不低于40％，含可溶性固体物15％～18％。

（十二）山楂茶粉

1. 原料

山楂粉30％、胡萝卜粉10％、砂糖粉45％、甜宝0.1％、蛋白糖0.5％、麦精粉15％、藻酸丙二醇酯粉0.5％。

2. 工艺流程

选择山楂、胡萝卜→洗净→沥干山楂→压扁山楂→炒制山楂→胡萝卜切片→焯胡萝卜片→烘干山楂、胡萝卜→将山楂、胡萝卜分别粉碎、过筛→配料→拌匀→包装→成品

3. 制作方法

（1）山楂预处理：选用成熟、含糖高、色泽红的鲜山楂，除去病果、虫果、腐烂果，用清水洗净，再沥干水分，然后将山楂压扁压碎，把压碎的山楂放入不锈钢锅中，用微火炒到六七成干。

（2）胡萝卜预处理：选用完全成熟、色泽鲜艳的胡萝卜为原料，洗净，切成0.5厘米厚的圆片，用沸水焯一下，将胡萝卜片

和炒山楂分别装入烘盘中，在70℃下烘烤24小时。原料勿堆过厚，要均匀，并经常翻动。

（3）烘干、粉碎、过筛：将烘干的原料用100目筛网的粉碎机进行粉碎，过筛为胡萝卜粉和山楂粉。

（4）配料、拌匀：把各原辅料按比例混合均匀，即为山楂果茶粉成品。按25克一袋进行包装，食用时用开水冲饮，每袋可冲1～2杯。

4. 制品特点

本品无结块，无暗红色细粉状。即冲即饮，携带方便。

（十三）葡萄干

1. 原料

鲜葡萄等。

2. 工艺流程

选料→碱浸脱蜡→洗净→熏蒸→干制→包装

3. 制作方法

（1）选择原料：应选择皮薄，果肉丰满柔软，含糖量在20％以上，外表美观的品种。如新疆、甘肃等地制干的主要品种为无核白、无籽露等。制干的葡萄品种应充分成熟，使干物质含量达到最高限度，保证干制后形态饱满，颜色美观，风味佳美。而以未熟果进行干制，则味酸色淡，品质不高，效果不理想。

（2）原料处理：先将果穗中的小粒、不熟粒、坏粒除去，用浓度为1.5％～4％的氢氧化钠溶液浸泡果粒1～5秒，以脱去果粒表面的蜡质，加快干燥速度。薄皮品种可用浓度为0.5％的碳酸氢钠与氢氧化钠的混合液浸泡3～6秒。果实浸碱处理后，立即捞出放入流动清水中冲洗。浸洗后，在密闭的室内，按照每1000千克葡萄用硫黄2千克进行熏蒸，一般熏蒸3～5小时（以二氧化硫残留量计，不得大于0.1克/千克）。

（3）干制：新疆、甘肃多采用风干法，一般多在干处建风干室，房基高 3 米，东西长、南北窄，房高 3 米，宽 4 米，长不定，墙上留花眼使空气流通，墙一侧留门。干制时，先将葡萄绑挂于风干室内的挂架上，整理好果穗，停放半天，使穗轴柔软后，再挂架，挂架后任其自然风干。也可人工建造烧烤房，烤房方向要与烘烤季节的主风方向垂直，以提高通风效果。房门要设在背风面，房顶宜平，以减少无效空间并节约热量。房内盘搭大炕，通过火炕提高室内温度；房顶应留排潮孔。在烤房内挂好葡萄，开始点火升温，初期温度控制在 45℃～50℃，终温控制在 70℃～75℃，终点相对湿度控制在 25％ 以下，一般一昼夜即可完成干制过程。

（4）包装与贮藏：制成的葡萄干用手紧握后松开，颗粒迅速散开的即为干燥程度良好。含水量一般应控制在 15％～18％。包装前应进行分级，要剔除过湿、过大、过小、结块的，待制品冷却后，堆积成堆，盖麻袋或薄膜回软，然后将果干放在 15℃ 以下的环境中 3～5 小时，或在密闭环境中用二硫化碳杀虫，一般每立方米用二硫化碳 100 克，将器皿盛药放入室内上部使之自然挥发，向下扩散，杀灭害虫，减少损失。然后装入塑料食品袋内封口，放在阴暗的、温度为 0℃～2℃ 的环境中储存。

4. 制品特点

葡萄干可防眩晕、心悸、乏力等低血糖反应症状。葡萄干中的铁和钙含量十分丰富，是儿童、妇女及体弱贫血者的滋补佳品；内含大量葡萄糖，对心肌有营养作用，有助于冠心病患者的康复。葡萄干还含有多种矿物质和维生素、氨基酸，常食对神经衰弱和过度疲劳者有较好的补益作用，还是妇科病的食疗佳品。

（十四）家制葡萄酒

1. 原料

新鲜葡萄、白砂糖等。

2. 工艺流程

选料→晾干→配料→发酵→过滤→再次发酵→密封

3. 制作方法

（1）选料：选择新鲜上市的葡萄，最好在葡萄大量上市的时候选取果粒大的葡萄。

（2）晾干：将葡萄一粒粒洗净晾干。

（3）配料：葡萄 10 千克，白糖或者冰糖 2 千克，白酒 1.5～2 千克，曲子 2 个或者曲药（发酵粉）2 包。

（4）发酵：将葡萄粒倒入泡菜坛子，上端放平整。把绵白糖直接铺在葡萄上面。葡萄无需特地挤破。坛子口的沟槽内放水，盖好盖子。坛子里要留有 1/3 左右的空间。48 小时以后看发酵好没有（看是否有水位上涨或者起泡的现象）。八九月份，约需要 20 天。发酵过程中，可以看到葡萄汁逐渐地析出。发酵完成，基本就不冒气泡了。这时酒已经把葡萄基本上全淹没了。

（5）过滤：先用不锈钢网子过滤，再用两层纱布过滤，保证过滤后的液体清亮。最好过滤三次以上，每次过滤的时间间隔一天左右。

（6）再次发酵：将过滤后的渣子挤压干以后称出，配好糖和曲子，再次发酵。发酵后的液体重复以上步骤。

（7）密封：将几次过滤后的液体装在陶瓷罐或者土罐子里，可加上适量白酒，密封好。几天以后，就可以取来饮用，老少皆宜，特别对老年人软化血管有好处。

（十五）多味葡萄

1. 原料

鲜葡萄、食盐、白砂糖、甘草等。

2. 工艺流程

选料→盐水腌制→冷水脱盐→配制料水→浸料晒制→包装

3. 制作方法

（1）选择原料：选用肉厚、粒大、籽少的葡萄作为加工原料，于七八成熟时采收。采收后将病、虫、伤果及过小的果剔除，逐粒摘开，去掉果柄，然后用清水冲洗干净，捞出备用。

（2）盐水腌制：将洗好的葡萄用浓度为10%左右的食盐水腌制2天左右，待果皮转黄时，捞出沥干，然后用精细盐腌制。每100千克葡萄用盐8千克，一层葡萄一层盐，腌制5天后捞出，晒干成果坯。此时葡萄果坯呈琥珀色，表面有盐霜，可长期保存。

（3）冷水脱盐：加工前将葡萄坯放入冷水中浸泡一天，再用流动水漂洗至口尝稍有咸味和酸味，在阳光下晒至半干。

（4）配制料水：将5千克甘草切碎，加水煮出香味（煮沸15～20分钟），然后加白糖15千克、糖精40克、香兰素适量，配成100千克香料水备用。

（5）浸料晒制：取2/3的香料水，将半干的葡萄坯浸入其中，充分吸收至饱和，取出暴晒。将余下的香料水倒入浸过葡萄的料水中，加少许糖，以进一步提高其风味。接着，将晒至半干的葡萄再次浸入香料水中，使香、甜味等均进入葡萄中，然后再次晒制。

（6）包装：如此反复浸、晒几次，当晒至葡萄不黏手时，拌入一些精制植物油，保持一定湿度，用塑料袋包装后即可销售。

4. 制品特点

多味葡萄呈深琥珀色或棕褐色，有光泽，颗粒完整、均匀，质地柔软，微感湿润，味甜、酸、咸，香气浓郁，五味俱佳。

（十六）葡萄原汁

1. 原料

鲜葡萄等。

2. 工艺流程

选料→洗净、除梗→破碎、压榨→过滤、澄清→调整糖酸比→装瓶、灭菌→防腐储存

3. 制作方法

（1）选择原料：选用我国栽培的鲜食和制汁兼用的优良葡萄品种，选留完全成熟、色泽鲜艳、无腐烂及无农药残留的新鲜果实。

（2）冲洗、除梗：将选好的葡萄在清水中冲洗干净，晾干后去果梗。

（3）破碎、压榨：将籽粒放入粉碎机内挤压破碎，流出果汁装入不锈钢容器内，加热至 $60℃\sim70℃$，保持 $10\sim15$ 分钟，使果皮色素浸出溶于果汁中。若制白葡萄汁，则不需经加热处理，直接把果浆装入过滤白布袋（或两层纱布）中压榨，使果汁全部流出。

（4）过滤、澄清：将汁液用粗白布过滤后（除掉汁液内果皮、种子和果肉块等），灌入已消毒杀菌的玻璃瓶或瓷缸，加入为果汁液重量 0.08％ 的山梨酸钾，搅拌均匀，自然沉淀 $3\sim5$ 个月，吸出澄清液。

（5）调整糖酸比：将葡萄汁的糖酸比调为 $(13\sim15)：1$，就适合大多数人的口味。

（6）装瓶、灭菌：将调整好的果汁灌入干净、已经消毒的果

汁瓶中。经压盖机加盖封口后，把瓶置于80℃～85℃的热水内，保持 30 分钟。然后取出擦干，粘贴商标，装箱出售或储藏于 4℃～5℃的环境中。

4. 制品特点

果汁清澈透亮，颜色鲜艳，富含维生素和矿物质，是美容养颜、预防心血管病的佳品。

（十七）糖炒板栗

1. 原料

生板栗、麦芽糖、饴糖、茶油等。

2. 工艺流程

选择原料→分级→洗净、割开→备工具→配料→炒制

3. 制作方法

（1）选料：选择果形端正、大小均匀、籽实饱满、无病虫害的优质板栗作为原料。

（2）分级：如果大小颗粒一起炒制，常出现小粒熟、大粒生或大粒熟、小粒焦的现象，所以应剔除腐烂果、开果或虫蛀果，并按果形大小分级后，分别炒制。

（3）洗净、割开：首先把栗子洗净，然后用利器把栗子割开，深度大概为 5 毫米，水泡 10 分钟。

（4）备砂：选洁净及颗粒均匀（3～4 毫米）的细砂（将细砂用清水洗净泥土，统一过筛、晒干，用饴糖、茶油拌炒成"熟砂"备用）。久经使用的陈砂比新砂更好。

（5）燃料：用木炭或煤。木炭发火快，火力旺，减火和来火方便，便于掌握火候。

（6）锅灶：分滚筒和铁锅两种。使用滚筒较省力，但炒制的质量不及铁锅炒制的好。

（7）配料：栗与砂的重量之比为 1∶1，每 100 千克栗子用

饴糖 4～5 千克，茶油 200～250 克。炒栗子时加入饴糖和茶油的目的在于滋润砂粒，减少果实黏砂，便于翻炒，并使栗果润泽光亮。

（8）炒制：预先将砂炒热，以烫手为度，再倒入栗子，按比例加适量饴糖、茶油，连续翻炒。由于砂粒的焖热作用，经20～30 分钟便可以炒熟。用筛筛去砂粒后，置于保温桶内，即可趁热食用。

4. 制品特点

糖炒板栗营养价值很高，熟后栗壳呈红褐色，去壳后果实松软香甜，为小吃珍品。它含淀粉 51％～60％，蛋白质 5.7％～10.7％，脂肪 2％～7.4％，维生素 A、维生素 B_1、维生素 B_2、维生素 C 及钙、磷、钾等矿物质丰富，可供人体吸收和利用的营养成分高达 98％。脂肪含量少，是有壳类果实中脂肪含量最低的，人们称之为"健康食品"，属于健胃补肾、延年益寿的上等果品。

（十八）糖衣板栗脯

1. 原料

新鲜板栗、白砂糖等。

2. 工艺流程

选料→脱壳除衣→煮制→浸渍→上糖衣→包装→成品

3. 制作方法

（1）选料：选取新鲜饱满，无霉变、生虫、损伤、变质的板栗。

（2）洗净、脱壳：用水洗净，于中温（低于 80℃）烘烤一段时间，然后脱壳除衣。

（3）护色：挑外形完整、风味正常的栗果放入 0.1％食盐和0.2％柠檬酸的混合液中护色。

（4）煮制：配制 40％糖液（做煮制液）置煮制锅中，加入经护色（或直接剥出未褐变的）栗果，加热煮制液至沸，进行煮制。煮至锅内糖液浓度达 65％～68％，或糖液温度达105℃～116℃时，停止煮制。

（5）浸渍：将煮制液连同煮制栗果一并取出，放入浸渍锅（或浸渍罐）内，常温浸渍 1～3 天。浸渍毕，将栗果取出（此时栗果口味较甜香，表层呈光亮状），待上糖衣。

（6）上糖衣：按白砂糖 65％～80％，淀粉糖浆 35％～20％，柠檬酸少量，水少量的比例将四者混合，倒入熬糖锅内加热熬制。当糖液温度达 115℃左右时，倒入已浸渍的栗果，小火加热下不断翻动，使栗果表层均匀铺上一层透明糖衣。将已上糖衣的栗果置于有盖容器内，放置一天后再包装。

（7）包装：用双层或不透气单层塑料袋装糖衣板栗脯，进行真空包装封口，即可出售。

4. 制品特点

上述纯糖衣板栗脯，具有板栗特有香味，酸甜可口，外观呈光亮棕黄色，实属一种较佳板栗深加工制品。

（十九）板栗花生糊

1. 原料

糯米 40％、板栗果肉 20％、花生 10％、优质白砂糖 30％。

2. 工艺流程

原料烘干处理→混合→烘烤→冷却→包装

3. 制作方法

（1）烘干、粉碎花生：花生在 120℃下烘烤 15 分钟，搓去皮衣后粉碎。

（2）烘干、粉碎板栗：板栗果粒在 120℃下烘干粉碎。

（3）烘干膨化糯米：糯米除杂质，用水洗干净，烘干后膨化。

（4）混合：用各种原辅粉状料混合，经 100℃烘 10 分钟。

（5）冷却、包装：冷却，无菌干燥包装后再经质量检验。

4. 制品特点

本品为粉末状，用开水冲调成糊状即可食用。它不仅方便，而且营养丰富，具板栗、花生特有芳香，口感细腻，香甜可口。

（二十）板 栗 泥

1. 原料

新鲜板栗等。

2. 工艺流程

选料剥壳→除内皮→护色→修整→预煮→磨浆→浓缩→装罐

3. 制作方法

（1）选料剥壳：选用无霉烂、无干枯并无发芽的板栗，用不锈钢刀切开栗壳，放入 150℃以上的烘箱中，让其受热自动爆裂除壳。

（2）除内皮：将去壳的板栗，放入 90℃～95℃的热水中，热烫几分钟，趁热捞出，剥去内皮；或将去壳板栗放入 75℃～80℃、7%～10% 浓度的火碱溶液中，数分钟后，因火碱腐蚀，板栗内皮脱落，再用清水洗净板栗。

（3）护色：将去掉内皮的板栗肉，放入浓度为 0.1% 的醋酸液中，以免板栗肉与空气接触、氧化变色。但在醋酸液中浸泡的时间最好不超过 2 小时，否则会使板栗肉失去光泽。

（4）修整：当板栗肉在醋酸液中护色时，需边护色边修整。方法是用不锈钢刀修除残皮、小粒黑斑和损伤变色部分。

（5）预煮：将修整后的板栗肉从醋酸液中捞起，在流水中不时地轻轻搅动，冲洗 20～30 分钟，再入沸水预煮，以煮熟为度。

（6）磨浆：将煮熟的板栗肉用石磨或磨浆机磨成细浆。

（7）浓缩：板栗中的淀粉含量很高，是形成胶凝的良好条件。可在栗浆中适量配糖，放入锅中文火熬煮，边煮边搅动，当浆体可溶性固形物达 65％～67％、温度在 101℃～102℃时，便可出锅。

（8）装罐：出锅的果浆即为板栗泥，立即装入经过消毒的玻璃罐中，并在 80℃以上温度时封口密封。最后，在玻璃罐上贴好商标，就可装箱、销售。

4. 制品特点

本品为橙黄色果泥，香甜可口，具板栗特有清香。

（二十一）栗蓉饼

1. 原料

皮子料用面粉 11 千克，砂糖 1 千克，熟猪油 5.5 千克；油酥料用面粉 2 千克，熟猪油 1.25 千克；馅料用栗子仁 20 千克，砂糖 10 千克，熟猪油 2 千克，桂花 1.5 千克。

2. 工艺流程

原料预处理→制皮→包馅→烘烤

3. 制作方法

（1）原料预处理

①初加工：挑选板栗、剥壳、去内衣、护色、漂洗、预煮等工序与糖衣板栗脯相同。但对板栗大小要求不严，只要香味正常的栗肉都可加工。

②磨浆：用不锈钢磨或石磨将煮好的栗子磨成浆。磨浆时适量加水，以减轻黏磨问题。

③煮馅料：将砂糖和猪油加入栗浆中煮制。用铲子不停地炒动，待熬成厚泥状时，投入桂花拌匀，取出冷却做馅料。

④调面团：皮子料约加水 3 千克调成面团。

⑤制油酥：油酥料调匀擦透，成油酥。

（2）制皮：将皮子与油酥各分成若干小块，将油酥逐一包入皮料，用滚筒稍稍压延后卷折成团，再用手掌按成薄饼形，即成酥皮。

（3）包馅：将馅料逐块包入酥皮内，将酥皮封口，压成1厘米厚的扁形生饼坯，每个饼重90克左右，也可根据当地习惯而定。

（4）烘烤：一般采用链条炉、风车炉、广式庙炉或远红外炉等方法烘烤。烘烤时间为6～7分钟，主要根据炉温而定，温度过高易焦，过低易跑糖漏馅。

4. 制品特点

本品饼呈鼓形，边角分明，花纹清晰，具有栗蓉香味。饼皮不裂、不漏馅，饼底呈微细孔，饼面棕红有光泽，周边浅棕色，饼皮厚薄均匀，馅不离壳，无粒状物，无杂质。

（二十二）膨化栗酥

1. 原料

生板栗、白砂糖等。

2. 工艺流程

预备板栗→脱壳→选料→热烫去内衣→清洗→切片→热风干燥→粉碎→膨化成型→调味涂衣→冷却→包装→成品

3. 制作方法

（1）脱壳、选料：将板栗脱壳，选取无虫眼、无霉变的果粒。

（2）热烫去内衣：在90℃～100℃的热水中加10×10^{-6}的亚硫酸钠和异抗坏血酸钠，加磷酸调至pH值为3，然后机械搅动以脱去板栗内衣。

（3）切片、干燥：清洗之后，将板栗仁切成1.5毫米左右厚度的小片，在50℃左右的热风中干燥6～8小时，使栗仁水分降

至 10%以下。

（4）粉碎：将干燥后的栗片粉碎成 60 目左右的栗粉。

（5）膨化成型：将栗粉置于成型膨化机中膨化，以形成条形、方形、球形、圈状、饼状等初成品。

（6）调味涂衣：膨化后应及时加调料，以调成甜味、咸味、鲜味等风味，并稍加烘烤。然后涂适量可可粉、可可脂、白砂糖的融化液。

（7）冷却、包装：产品冷却至室温后，进行充氮包装。

4. 制品特点

板栗在民间素有"干果之王"的美称，营养价值很高。除了含有丰富的蛋白质、碳水化合物、脂肪外，它还含有膳食纤维，维生素 C，胡萝卜素及磷、钙、铁、硒、锌等多种矿物质。

六、青梅、橄榄、芒果类制品

（一）咸水梅

1. 原料

鲜梅、食盐等。

2. 工艺流程

选料→盐渍

3. 制作方法

（1）选料：梅的品种与成熟度会影响加工方法和成品质量。最好采用肉质肥厚的大肉梅，这样加工出的梅坯个大肉厚。

（2）盐腌：有两种方法，一是干盐腌制，另一种是用较低浓度盐水腌制。目前生产上采用干盐腌制的较多，如采收后的原料成熟度稍高，苦涩味不太重，就用此法。

食盐用量是 20％～25％，即鲜梅 50 千克用盐 10～12.5 千克，最好用粗盐。具体做法是：在水泥池、大瓦缸或大木桶的底层铺上一层食盐，厚约 1 厘米，然后加入原料，这样一层食盐一层鲜梅，要求盐要撒得均匀，使原料充分接触食盐，在面上再加上一层食盐，务必使原料不暴露。再在盐上覆盖竹笪，最上面压上原料占总重量 20％～30％的干净石头。在整个操作过程中，要求原料紧密，尽量排出空气。

（二）蜜青梅

1. 原料

鲜青梅 75 千克、白砂糖 40 千克、食盐 9.5 千克、苯甲酸钠适量。

2. 工艺流程

选料→盐渍→切半→漂洗→糖渍→晾晒→包装→成品

3. 制作方法

（1）选料：选用肉质坚韧、颜色青绿的新梅果。

（2）盐渍：把梅果入缸，加盐 9.5 千克，分层将盐撒入缸内的果实上，腌制 3 天以后即为咸梅坯。

（3）切半：把梅果用刀沿缝合线对剖成两半，除去果核。

（4）漂洗：取咸梅坯用清水浸泡约 10 小时，漂清盐分，取出压滤，去除水分。

（5）糖渍：配成浓度为 30％的糖液，将梅坯浸入蜜渍，经12 小时左右，分批加入白砂糖。15 天以后，连同糖液置于锅中煮沸，随即取出沥去多余糖液。

（6）晾晒：将糖渍后的梅坯摊放在竹屉中，晾晒至梅果表面的糖汁呈黏稠时即可。

（7）包装：将制品包装后即为成品。

4. 产品特点

蜜青梅又名劈梅，系蜜性青梅制品，色鲜肉脆，浓甜中微带鲜果青酸。

（三）广东话梅

1. 原料

梅坯、甘草、香料、甜蜜素、柠檬酸、精盐等。

2. 工艺流程

制作梅坯→脱盐→晒干→配制料液→腌制→烘干或晒干→
成品

3. 制作方法

（1）梅坯制作：梅坯是加工话梅、陈皮梅和甘草梅等凉果后
的半成品。选用大叶猪肝梅和花梅等有色的品种为原料。每 100
千克青梅经清洗后加盐 10 千克、石灰 125 克，腌制 7 天左右，
腌后出晒，直至梅坯表面起盐霜，此时约八成干。随即放入箩筐
中，盖上麻袋，存放在阴凉处，使梅坯内外水分均匀，待梅果回
软时再取出晒干备用。

（2）脱盐：把干燥的梅坯按照三浸三换水的方法（第一次
4 小时换水一次，第二次 6 小时换水一次，第三次 3 小时换水一
次），使梅坯脱盐，盐的残留量在 1%～2%，以果坯近核部略感
咸味为宜。

（3）干燥：沥干的梅坯用烘干机或日晒干燥到半干状态。以
用手指轻压坯肉尚觉稍软为度，不可烘或晒到干硬状态。不需每
次翻动，以免擦破外皮，影响产量及品质。每天晚间堆好覆盖，
早晨摊开晾晒，晒干后，用筛清理，除去夹杂物，装入缸内以备
浸制。

（4）料液制备：每 100 千克半干果坯的浸液用量如下：甘草
2.5～3 千克，精盐 3～5 千克，甜蜜素 2～3 千克，柠檬酸 1～
2 千克，山梨酸钾 100 克，肉桂、丁香、茴香粉等各 50 克。先把
甘草洗净后用 30 千克水煮沸并浓缩到 20 千克，过滤取甘草汁，
然后加入盐、柠檬酸、甜蜜素等各种配料，制成甘草浸渍液。

（5）腌制：将糖精及香料粉加入甘草汁内调匀，加热到
80℃左右，倒进盛有脱盐梅坯的容器内，常常翻动，以助其吸
收，等到甘草汁全部被梅坯所吸收为止。

（6）烘干或晒干：把吸完甘草液的果坯移入烘盘摊开，以

$60℃\sim70℃$的温度烘到含水量不超过 18％为止。也可取出散开暴晒，晒干即为成品。

4. 制品特点

本品多为人们在聊天、摆龙门阵时的常吃零食，故叫话梅。该品是干性食品，具有适宜咸度，甘、酸、甜、香四味皆宜，有生津止渴之功效。

（四）香草话梅

1. 原料

鲜梅果 250 千克、甘草 2 千克、砂糖 3 千克、甜蜜素 180克、香草油 20 毫升、食盐 45 千克。

2. 工艺流程

选料→盐渍→漂洗→晒制→浸渍→晒坯→喷油→包装→成品

3. 制作方法

（1）选料：选择成熟度为八九成的新鲜果实。拣去枝叶及霉烂果实。

（2）盐渍：每 250 千克鲜梅果加入食盐 45 千克，一层梅果一层盐入缸盐渍。约需 25 天，其间倒缸数次，以使盐分渗透均匀。

（3）漂洗：将咸梅坯放入清水浸泡漂洗，待盐分脱去 50％左右，即可捞出，再用清水冲净。

（4）晒制：将经过漂洗的梅坯均匀铺在晒场上，在阳光下暴晒，料层不宜太厚，刚晒时不宜翻动，以免碰伤外皮，影响产品外形美观。每天早晨摊开晾晒，日落即可收回堆放。待完全干燥后，用筛子筛去杂物，入缸备用。

（5）浸渍：将甘草捣碎成渣，入锅煎煮。所得头水放在一旁备用，再煎得二水倒入梅坯中，盖盖焖 2 小时左右即可捞出。

（6）晒坯：将捞出的梅坯沥去余水，摊放在竹屉中，然后将头次所得甘草水加入砂糖和甜蜜素，溶化均匀，与梅坯拌和均匀。再将梅坯置于阳光下暴晒至干燥为止。

（7）喷油：待梅坯晒至将干时，把香草油喷洒在梅坯上即可。

（8）包装：将制成的话梅分装于塑料薄膜食品袋内，即为成品。

4. 制品特点

本品色泽鲜艳，味酸甜可口，芳香扑鼻，入口后能生津止渴，特别是在夏季炎暑时，吃此品更觉清爽适口。

（五）乌梅干

1. 原料

新鲜梅果等。

2. 工艺流程

选择原料→清洗→制灶→烘焙→再烘焙→分级→包装

3. 制作方法

（1）选择原料：应选充分成熟的新鲜果实，剔除病虫果和腐烂果。

（2）清洗：梅子用水清洗干净、沥干。

（3）制灶：烘灶以竹制成，用黄泥封固，灶高 33 厘米，用砖砌成，炉门延伸至灶外 42 厘米。在烘灶上端离口 15 厘米处，用淡竹制成平排的烘架，下面用两根竹加以固定。每一烘灶应备烘笼 5~7 只，其大小与烘架相当。为便于烘焙，每只笼底应有直径为 2 厘米大小的筛孔。

（4）烘焙：先将梅果放在烘架上，用松柴做燃料，在炉灶口烧，使火和烟自然吸入烘灶。开始使用猛火烧，2 小时后用文火，烧 12 小时后，让其自然降温。

（5）再烘焙：在进行第二次烘前，先把经过初烘的梅果按果

形大小，含水量高低，挑选分开。把水分含量高的"大胖"果放在烘笼下层，水分含量低的"二胖"果放在烘笼上层，最上面覆盖麻袋。同时，在烘架上放好另一批待烘的梅果。这样循环进行两次，完成第三次烘焙。待烘至八九成干，用手摇核仁发出轻微响声时，即为成品。

（6）分级：乌梅干依加工季节分级，入梅后加工的成品为一级（果实已充分黄熟），入梅前加工的成品为二级。

（7）包装：宜用篾篓装，内衬箬叶，每篓净重 50 千克，加盖密封，防止返潮，或用双线麻袋内套塑料薄膜食品袋封口。出口产品用瓦楞纸箱包装，内套塑料薄膜食品袋，内外封口，每箱 20 千克。

4. 制品特点

本品色泽乌黑发亮，以手摇动时核仁会响，手摸感觉微黏，不破碎。一般 200 千克黄熟的梅果可烘成 50 千克乌梅干。

（六）陈皮梅

1. 原料

梅坯、白砂糖、柠檬酸、陈皮酱等。

2. 工艺流程

梅坯脱盐→透糖→陈皮酱加工→裹酱→包装→成品

3. 制作方法

（1）梅坯脱盐：用流动水脱盐比用静水脱盐快，但需水量大，用哪种方法脱盐要看具体条件来定。一般脱盐要求梅坯含 2% 左右的食盐，即口尝感觉出有少许咸味，脱盐便可结束。然后把梅坯在 60℃～70℃ 烤房中进行干燥到半干状态，备用。

（2）梅坯透糖：先配制糖液，白糖与梅坯的用量比例是 1：1 或 1：0.8，即 50 千克梅坯需用白糖 40～50 千克，然后加水配制成 40% 的浓度。加热使白糖溶解，在糖水中加入 0.5～1

千克食盐，50～100克柠檬酸，50克苯甲酸钠或25克山梨酸钾。糖水经煮沸后加入半干梅坯进行浸渍，在浸渍透糖过程中，每隔1～2日把糖液煮沸浓缩，到最后糖液浓度达到60％时再浸渍几日，便可结束。

（3）陈皮酱加工：把晒干过的柑果皮进行浸水，脱去苦味。要经多次浸水，直到脱去苦味为止，然后用打浆机打成浆状，加入白糖。每50千克陈皮浆用40～50千克白糖，并加入100克柠檬酸、50克苯甲酸钠。经煮沸浓缩而成陈皮酱，或者不经浓缩，只需与白糖混合加热后在烤房内烤成半干状态便可备用。

（4）裹酱：经过透糖后的梅坯已具有甜酸风味，现将它与半干状态的陈皮酱以人工方式进行充分混合，要求每粒梅坯都包裹陈皮酱。

（5）包装：在塑料纸上以1～2粒产品进行包装，外加包装纸，一共三层包装纸，即成凉果类食品——陈皮梅。

4. 制品特点

此制品色泽黑，有陈皮芳香，为半干半湿制品，含水量28％～30％，具甜、咸、酸、香风味，香气馥郁，酸甜味浓，能开胃生津，风味独特，是广式蜜饯中的佳品。

（七）梅酒

1. 原料

梅1.5千克（要求未熟、肉多、没有黑斑），冰糖600克，35度左右的白酒1.8升。

2. 工艺流程

选料→酒渍→存放→成品

3. 制作方法

（1）原料预处理：将容器用开水消毒后擦干。把青梅洗净后，用抹布擦掉水分，然后用竹签子去掉梅蒂。

（2）酒渍：将青梅和冰糖均匀交错地放进玻璃容器中，再倒进白酒，最后封盖。

（3）存放：摇匀，放在阴暗的地方，一般过 3 个月就能喝，但如果经年保存则味道更甘美。

4. 制品特点

梅酒能消除疲劳，有消暑、止渴、生津、开胃的食疗作用。梅酒是果酒，因浸泡在白酒中，每天用量可按白酒的度数根据个人的情况来适当控制。

（八）香榄

1. 原料

鲜橄榄 5 千克、食盐 500 克、甘草 100 克、茴香 25 克、薄桂 25 克、公丁香 10 克、白糖 2.5 千克、甜蜜素 5 克、五香粉 50 克。

2. 工艺流程

鲜橄榄→加盐擦搓→敲扁→漂洗→晒干→干果坯→糖液浸泡→糖煮→捞起冷却→晒干→拌粉→成品

3. 制作方法

（1）加盐擦搓：取鲜橄榄 5 千克，加食盐 500 克，用石舀擦搓匀透后取出。

（2）敲扁、漂洗：用石槌逐个敲扁，用清水漂洗。

（3）晒干：摊在竹席上晒干，成为橄榄干果坯，以备随时加工。

（4）糖液制作：将甘草、茴香、薄桂、公丁香加水 2 千克，放在锅中烧沸 2 小时，滤出香料渣，留待下次再煮。在滤液中加入白糖 750 克煮沸，取出放在盘中，加入食用色素（柠檬黄及胭脂红各 0.5 克）拌匀。

（5）浸泡：往糖液中倒进橄榄果坯 2.5 千克，浸泡 24 小时后滤出。

(6)糖煮：将浸泡果坯后的余汁放回锅中，加入 1.5 千克清水以及前次捞出的香料渣，再烧煮 10 小时，然后除去渣滓。将 1.8 千克白糖加入锅内煮 15 分钟，再把果坯放在锅中煮 1 小时，煮到 105℃，最后加入甜蜜素拌匀。

(7)冷却、晾干、拌粉：将糖煮后的果坯捞起放在桶中。余汁可留作下次再加工用。冷却后的十香果摊在竹席上晒成果干，拌入五香粉即成香榄。

4. 制品特点

本品橄榄果实又脆又硬，初入口有苦、涩、酸、咸的味道，待细嚼慢咽之后，渐觉苦尽甘来，满嘴生津，回味无穷，香幽幽、甜津津。本品香气浓郁，能生津止渴，健胃消食。

(九) 桂花榄

1. 原料

橄榄咸坯 50 千克、红糖 20 千克、甘草 250 克、茴香 250 克、薄桂 500 克、甜蜜素 150 克、五香粉 1.5 千克、食用色素适量。

2. 工艺流程

选料→漂洗→晒干→配料液→浸渍→晒制→拌粉→包装→成品

3. 制作方法

(1)选料：将橄榄坯经挑选后，倒入清水浸泡约 12 小时，脱去咸苦味。晾干后备用。

(2)配料液：将甘草、桂皮、茴香放入锅中，加入清水，用文火煎煮 1 小时左右，所得料液用纱布过滤，去除料渣，加入红糖 10 千克，煮沸溶化，再加入适量食用色素搅拌均匀，置于缸内。

（3）浸渍：将处理好的橄榄坯倒入缸内，浸渍2天后滤出料液。将料液再加入红糖10千克，入锅内煮沸30分钟左右。待料液浓缩后，重置于缸内，然后加入甜蜜素（为了防止制品腐坏，可加入山梨酸钾100克），待溶后，倒进橄榄坯，充分搅拌均匀，继续浸渍3天左右即可捞出。

（4）晒制、拌粉：将捞出的橄榄坯沥去余糖液，摊铺在竹席上晒至八成干时，撒上五香粉拌匀，即为气味芬芳的产品。

（5）包装：用印有花色的糖果纸进行小包装后，分别装入塑料食品袋或纸盒中即为成品。

4. 制品特点

本品质地微脆，皮纹细致，香甜可口。

（十）甘草榄

1. 原料

橄榄盐坯、甘草、柠檬酸等。

2. 工艺流程

处理原料→准备甘草液→浸渍→烘制→成品

3. 制作方法

（1）处理原料：榄坯脱盐，因为想突出甘草风味，脱盐时不可留下太多的盐分，一般稍有咸味便可。脱盐后沥干水分或烘制到半干备用。

（2）制备甘草液：采用浓度为5%的甘草液，即50千克榄坯用2.5千克甘草，加入50千克清水，熬煮成20～25千克甘草液，过滤备用。

（3）浸渍：向甘草液中加入2%甜蜜素、0.5%柠檬酸、3%食盐、0.1%苯甲酸钠及0.01%的柠檬黄色素，溶解混合均匀后，加入半干状态榄坯，一起加热，不断搅拌，务必使榄坯充分吸收料液，前后需要2～3天。或者在甘草液中不加入其他添加剂，只是加入食盐，最终制品只有甘草味和咸味，这样就突出了甘草的甘味。有的做法是在脱盐后的半成品中裹上甘草粉末，这更加省事。

（4）烘制：在65℃的温度下进行干燥，首先是表面要干爽。也有的为了增加甘草风味而在烘制之前拌上少量甘草粉末，再送去烘制。控制含水量在20%左右。

4. 制品特点

本制品色黄，有浓厚甘草甘味，咸、甜、酸味均有，有一定韧度和咀嚼度，风味较好。

（十一）盐渍芒果坯

1. 原料

鲜芒果、食盐等。

2. 工艺流程

选料→去皮→暴晒→回软→再晒→包装

3. 制作方法

（1）选料：选择接近成熟期的落果或未成熟的落果，分类进行盐渍加工。

（2）对接近成熟期的落果：多用干盐腌渍，做法是先把落果去皮，再用相当于果重20%或25%的食盐分层盐腌，同时压果。经过2～3星期腌渍后取出暴晒干燥而成盐坯半成品。

（3）对未成熟的落果：个体小、青色而硬的落果要经脱皮，用盐水法腌制，一般保持5%～10%的食盐浓度，即50千克水中加入2.5～5千克食盐，使其充分溶解。在瓦缸或水泥池内倒入芒果落果，再加入食盐水浸渍。要求果实压在食盐水下面，不要露出盐水，以免腐烂。在较低浓度盐水下，经过发酵之后能把落果变成带酸咸味的湿果坯。盐水腌渍时间一般8～15天，之后把果坯从盐水中捞出进行暴晒，等表面形成了一层盐霜，就进行

回软，使内部水分均衡分布，回软 1～2 天后再晒 1～2 天，便成干坯。

（4）包装：用塑料袋密封包装，待进一步加工成其他芒果食品。

4. 制品特点

芒果素有"热带果王"的美称。其果肉汁多味甜，可鲜食或制成果脯、榨制芒果汁。盐渍芒果坯是一种半成品，可作为加工许多其他芒果食品的原料。

（十二）芒果脯

1. 原料

鲜芒果、白砂糖等。

2. 工艺流程

选择原料→预处理→硬化与护色→糖腌或透糖→浓缩再浸→烘干

3. 制作方法

（1）选择原料：制作芒果脯的原料，成熟度应控制在八九成，不可过熟，要求果实新鲜，果肉纤维细而少，质地致密。

（2）预处理：将原料果清洗干净，去除果皮和果核，将果肉切块，块的大小为整果的（1/6）～（1/8），大小厚薄均匀。

（3）硬化与护色：把芒果片在 0.1％二氯化钙及 0.1％亚硫酸氢钠的溶液中浸 8 小时。

（4）糖腌或透糖：经过以上处理后，芒果片可直接用砂糖干腌。果肉与砂糖的比例一般为 1：0.5。腌制时，应按一层芒果片一层砂糖的顺序铺放原料，最上面还要覆盖一层砂糖。

（5）浓缩再浸：砂糖腌制时间不能太长，一般为 8 小时。过后抽出糖水，把糖水入锅浓缩，再将果块倒入糖水中。糖水中最好加入防腐剂以免发酵。如果砂糖不够还可以补加，务必使糖水

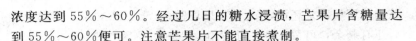

浓度达到 55％～60％。经过几日的糖水浸渍，芒果片含糖量达到 55％～60％便可。注意芒果片不能直接煮制。

（6）烘干：装盘在烘箱中烘干。

4. 制品特点

芒果脯成品果块半透明，有光泽，呈浅橙黄至深橙黄色，色泽一致，糖液渗透均匀，组织饱满，食用时无明显粗纤维，清甜带酸，原果风味突出。总含糖量 60％～65％，总酸度 0.5％～0.8％，水分含量 20％～25％。

（十三）陈皮芒果

1. 原料

半成品芒果盐坯、白砂糖、陈皮浆等。

2. 工艺流程

盐坯脱盐→准备调味料→煮制→干燥→包装

3. 制作方法

（1）盐坯脱盐：以较多清水浸渍或用流动水处理盐坯，除去大部分咸味，保留 1％～2％含盐量，便可进行烘干或晒干。自然干燥法应注意环境卫生，以免受污染。达到半干程度便可备用。

（2）调味料制备：新鲜柑皮经晒干后而成陈皮，其具辣味的芳香油部分挥发，但陈皮的保健功能及芳香成分仍在。不过其苦味不能应用，应以较多的水浸泡并且加热来达到脱苦目的。然后把陈皮放在打浆机内打成浆状，使陈皮浆带有甜味。办法是将白糖 20％、甜蜜素 1％、食盐 2％、柠檬酸 0.5％、防腐剂 0.1％一起加入到陈皮浆中（百分数均是指占原料盐坯的份量）。

（3）煮制：把芒果坯加入到陈皮浆中一起加热并煮沸，有些芒果坯成熟度较高，果核已硬化，大可久煮。为了使陈皮以及其他风味物质充分透入原料内，需要在加热后放置 1～2 天再加热。

陈皮浆用量以果坯计,50 千克果坯需 25 千克陈皮浆,如果吸收后还有剩余,可留在下一批使用。

(4) 干燥:要求干燥至含水量为 15% 左右。

(5) 包装:小袋或单个包装。

4. 制品特点

本品为黄色片状,具有陈皮芳香,口味咸中有甜,酸味适度,入口慢嚼味道浓郁。

(十四) 九制芒果皮

1. 原料

干芒果皮 50 千克、食盐 20 千克、白砂糖 15 千克、甜蜜素 200 克、甘草 1.5 千克、柠檬酸 1~1.5 千克、明矾粉 500 克、焦亚硫酸钠 250 克、陈皮汁适量。

2. 工艺流程

原料选择→干燥→冷水浸泡→加热煮制→漂洗→盐腌→切分→退盐→浸料→晒干、复水→烘干、下料→烘干→包装

3. 制作方法

(1) 原料选择:选皮厚的品种,要求是及时晒干或烘干的鲜熟芒果皮,颜色橙黄,无黑斑、无霉变、无腐烂。

(2) 冷水浸泡:将选好的干芒果皮称重后倒入干净的冷水中,浸泡 2~3 小时,浸泡期间换水 1~2 次,芒果皮泡涨后即可捞起,沥干待用。

(3) 加热煮制:先把配方中的全部明矾粉和焦亚硫酸钠加到相当于芒果皮 2 倍重的干净温水中溶化,烧开,再将泡涨好的芒果皮投入溶液中煮沸,并维持 10~15 分钟,期间要翻动数次,煮至规定时间后捞起沥干。

(4) 漂洗:将加热煮制好的芒果皮投入干净冷水中漂洗 3~4 小时,期间需多次换水。

（5）盐腌：将漂洗好的芒果皮沥干水，于腌制缸中按 50 千克湿皮用盐 5 千克的比例，分散撒盐耙平，腌制 2～3 天，期间翻缸数次。

（6）切分：将腌制好的芒果皮取出，切成宽 0.8 厘米、长 4～5 厘米的条状。

（7）退盐：把切分好的果皮投入清水中浸泡 1 小时左右，期间需换水几次。当芒果皮浸泡至咸味适中时即可捞起，沥干水待用。

（8）浸料：先用一定量的清水将全部白砂糖、柠檬酸和一半的甜蜜素、陈皮汁溶化成料液（用蜂蜜代替甜蜜素更佳），然后把退盐的芒果皮倒入缸中，灌入料液浸渍 1～2 天。料液以盖过稍压紧的果皮为度，期间需翻缸数次。

（9）晒干、复水：将浸料后的芒果皮取出，残剩料液收集好待用。然后将芒果皮暴晒或烘干。当果皮烘至内外无水痕、微卷曲时便可收回缸中，再将残剩的料液加入缸中复水，并及时倒换翻缸 2～3 次，如此反复晒干、复水，直至把残剩料液吸干为止。

（10）烘干、下料：把复水的芒果皮取出烘至内外干燥后收回缸中，将甘草粉碎熬取约 20 千克的甘草汁，过滤除渣，加入剩余配料搅拌成甘草料液，腌制果皮。还要及时倒换翻缸 2～3 次。

（11）烘干、包装：待芒果皮将全部甘草汁吸干后，取出摊于晾垫，烘至内外无水痕、稍卷曲即可包装。烘干过程中应尽量低温，真空干燥最好，这样能保证食品色浅、美观。

4. 制品特点

成熟芒果的果皮占全果重量的 9％～15％，在加工中一般被当做废物弃掉。然而，芒果皮中含有许多营养成分和风味物质，还可提供膳食纤维。芒果皮是一种药食兼用的风味休闲食品，酸甜可口，成本低廉。

（十五）甘草芒果

1. 原料

芒果盐坯、白砂糖、甘草、柠檬酸等。

2. 工艺流程

芒果盐坯脱盐→干燥→配料→腌渍→干燥→包装

3. 制作方法

（1）脱盐、干燥：用清水浸泡芒果盐坯脱盐，浸泡6～8小时，至含盐量5％左右，捞起沥水，日晒或用干燥机干燥到半干燥程度，以备浸料。

（2）配料：芒果坯100千克、甘草3千克、砂糖10千克、糖精钠45克、柠檬酸150克、丁香100克、肉桂200克。首先熬煮甘草汁，在锅中加水30千克，加入甘草、丁香、肉桂。慢火熬煮一定时间后，进行过滤，得甘草香料汁液约25千克，加入糖精钠、蛋白糖，溶解成甘草香料糖液。

（3）腌渍、干燥：将脱盐干燥后的芒果坯置于缸中，倒入甘草香料糖液，腌渍12～24小时，捞出进行日晒或机械干燥。干燥至半干时，再倒回缸中腌渍，把味料吸完为止。最后捞起干燥，至含水量不超过5％，即为成品。

（4）包装：用复合薄膜袋做50克、100克包装。

4. 制品特点

本品呈黄褐色，果块完整、大小基本一致，果皮收缩带有皱纹，甜酸咸适宜，除了有甜、咸、酸、香风味之外，还有甘草或添加香料味、回味久留，无异味。

（十六）芒果蜜饯

1. 原料

芒果、白砂糖等。

2. 工艺流程

选料→清洗→去皮→切分并去核→糖制→过滤→装罐→杀菌→冷却→贴标签→质检→装箱→入库

3. 制作方法

（1）选料：芒果从6～8月相继上市。品种有桂香芒、红象牙芒以及紫花芒等，尤以紫花芒为广西特产。芒果有的果重350～400克，也有250～300克者，凡250克以下者划为等外品。加工选八成熟者为宜，剔除病、虫、伤、烂果。

（2）清洗、去皮：将芒果淋洗干净，用不锈钢小刀去其外果皮，使肉光滑、无残皮及碎屑，再放入浓度为0.3%的明矾水中保脆兼护色。

（3）切分、去核：沿核纵切果肉，切下果片放在明矾水中，捞出用清水漂净，放进浓度为2%的食盐水中。

（4）糖制：先配50波美度的糖液，煮沸调pH值为4.0～4.2，倒入芒果片，煮沸15分钟后，加糖并浇入冷糖浆。再经10分钟煮沸，加糖两次，直至糖液达70波美度。可把芒果片连同糖浆一同倒入缸中，浸渍72小时即成。

（5）过滤：将煮制的糖液调为70波美度，pH值为4.0～4.2，趁热用双层纱布过滤备用。

（6）装罐：把经煮制浸糖的芒果片按60%净重称重后，按顺序装入瓶内，并及时把95℃的热糖浆加满，随即扣盖，不必排气。

（7）杀菌、冷却：按制罐方法进行。

4. 制品特点

成品为金黄色或橙黄色蜜饯，表层透明有光泽，肉质细腻，清甜如蜜，有芒果风味，无异味。

（十七）话芒

1. 原料

芒果盐坯、甜蜜素、柠檬酸、精盐、山梨酸钾、香兰素等。

2. 工艺流程

原料处理→浸液制备→果坯浸渍→烘干→包装

3. 制作方法

（1）原料处理：芒果盐坯以大量清水浸泡脱盐，脱盐到稍带咸味，含盐量 1%～2%，沥去水分，入烘干机以 60℃～70℃烘到半干，移出，备用。

（2）浸料液制备：在 50 千克水中加入 1.5～2 千克精盐、1.5 千克甜蜜素、0.5 千克食用柠檬酸、100 克香兰素、25 克山梨酸钾，混合加热煮沸。

（3）果坯浸料：把半干果坯加入料液中，每 50 千克半干果坯需料液 10～12.5 千克。反复翻拌到吸收完浸料液为止，即可进行烘干。

（4）烘干：入烤房或烘干机以 60℃的温度烘到果坯含水量不超过 15%。

（5）包装：此种制品具甜、咸、酸、香风味，如果想稍增加甜味，可在甜蜜素用量方面做调整，3%用量是甜型或称和味型。配方用量不同，口感风味也不同。而且此制品成本很低，是大众化又具经济价值的休闲副食品。

4. 制品特点

本品所用的原料是落果半成品盐坯，利用与话梅相似的加工工艺来处理芒果盐坯，所制得成品风味颇似话梅，因而称"话芒"。话芒食感比话梅粗硬，但留口时间比话梅更久，口味多样，为一种大众化休闲小吃。

（十八）芒果饮料

1. 原料

芒果、白砂糖、柠檬酸等。

2. 工艺流程

选料→制果浆→配制→均质→装罐、密封→杀菌、冷却→
成品

3. 制作方法

（1）原料的选择与处理：供制果汁的原料要求新鲜，成熟度一致，香味浓，色泽稳定，含适量的果酸。榨汁前将果实清洗干净，以减少农药及微生物的污染。若是带皮榨汁的，还需要用漂白粉、高锰酸钾等溶液进行浸洗消毒。同时，要求对不同品种进行单独处理。

（2）果浆的准备：可采用即榨的新鲜果浆，也可以采用已制备好的冷冻果浆，经解冻后备用。

（3）果汁的配制：按预定的设计配方比例加入芒果浆、水、糖及酸味剂和稳定剂等。也可在芒果浆加水混合后先行过滤，然后再加入其他物料。芒果果汁原料一般含原浆 20%～30%，酸度为 2%～2.5%（以柠檬酸计），可溶性固形物12%～15%，pH值为 3.5。果浆的可溶性固形物含量变化较大时，果汁的配方需做相应调整。

（4）均质处理：调配好各种成分以后，通过电动搅拌器充分搅拌混合，然后送进高压均质机进行均质处理，使果汁中的细小颗粒进一步破碎，粒子大小均匀，同时，促进果胶的渗出，使果胶与果汁亲和，保持果汁的均匀混浊度。

（5）装罐及密封：把经均质处理后的果汁输送到板式热交换器或瞬时杀菌器中迅速加热，通过灌装机进行热装罐。装罐时果汁温度控制在 88℃ 左右。若用真空密封罐，汁温可稍低。包装

容器可采用玻璃瓶或金属罐。容器必须严格消毒及沥水，以防产生污染。密封后迅速进行杀菌、冷却。

（6）杀菌与冷却：果汁原料杀菌的方法主要有以下两种：

①瞬时加热杀菌法：果汁经均质后，迅速将其泵入瞬时杀菌器，迅速加热，使果汁温度达到 93℃～100℃，维持时间几十秒，及时装罐、密封。该项工序应该在 3 分钟内完成。然后快速冷却至 38℃ 左右。操作的环境要求干净无菌，防止微生物的污染。

②沸水加热杀菌法：将果汁泵入板式热交换器快速加热后，进行热装罐，密封后投入 100℃ 沸水中加热若干分钟，然后用冷水冷却至 38℃ 左右。

4. 制品特点

本品为黄色混浊液，微粒均匀不分层，酸甜可口，具有芒果清香。

（十九）芒果冻

1. 原料

鲜芒果、白砂糖、果胶等。

2. 工艺流程

预备芒果原浆→预煮→配料→加热浓缩→热装罐、封口→冷却→成品

3. 制作方法

（1）芒果原浆：芒果原浆可以用芒果浆半成品，也可以用鲜果经打浆制得。作为芒果冻原料的芒果原浆，应具有一定的细腻度。为了制得色泽均一的高质量的果冻，芒果原浆最好经过均质细化处理，产品中不得有短小纤维存在。

（2）凝胶制作：用于制作芒果冻的凝胶物质主要有果胶、琼脂、明胶、羧甲基纤维素钠、海藻酸钠等。果胶加入量应保证成

品中果胶含量在 1% 左右。琼脂、明胶、羧甲基纤维素钠及海藻酸钠等均为果胶的代用品，在芒果冻中的加入量可视具体情况确定，原则是保证芒果冻成品的胶凝强度。

（3）加糖和酸：芒果冻中甜味剂主要是砂糖和淀粉糖浆。砂糖的加入量为果浆（汁）重量的 60%～70%，其中可用 45% 淀粉糖浆代替，以降低产品甜度。

芒果冻的凝胶最适 pH 值为 2.8～3.2，因此制品的含酸量一般控制在 0.6%～1%，果浆含量不足时需补加，酸味剂主要用柠檬酸。

（4）预煮及浓缩：先将芒果浆（汁）加热升温，然后分次加入浓度为 70%～75% 的浓糖液。如果采用常压浓缩，则混合料加热浓缩的时间不宜过长，通常不超过 20 分钟，以免果浆（汁）因受热时间过长变色变味，且这样易使果胶进一步分解，阻碍成冻。如果采用真空浓缩，芒果冻的品质会更佳。当浓缩接近终点时，需将待补加的果胶和柠檬酸依次加入果冻中搅匀，得到煮制成的果冻制品。

（5）装罐、封口、冷却：果冻制品煮制成后，趁热装罐封口，然后冷却。包装容器可以是任意艺术造型的塑料杯状物，应具有高阻隔性及透明性，以保证所装芒果具有诱人的外观造型和色泽；还可以是玻璃瓶、含塑纸盒等。包装后的芒果冻冷却后即成冻，得到成品。

4. 制品特点

本品外观晶莹，色泽鲜艳，口感软滑，清甜滋润，营养丰富，味道适口，食后舒爽称心，四季皆宜，同时也是一种高膳食纤维的健康食品，故深受消费者喜爱。

七、菠萝、香蕉类制品

（一）菠萝酱

1. 原料

（1）低糖度酱：碎果肉 62.5 千克、砂糖 35 千克、琼脂 0.5 千克、菠萝香精 20 克；

（2）高糖度酱：碎果肉 62.5 千克、砂糖 53.5 千克、琼脂 188 克。

2. 工艺流程

原料预处理→绞碎→加热及浓缩→装罐→密封→杀菌及冷却

3. 制作方法

（1）原料预处理：将果实经清水冲洗干净。切去两端，去皮捅芯，以锋利小刀削去残留果皮，修去果目。糖水菠萝生产选出的新鲜碎果肉或由外皮刮下的干净果肉均可使用。

（2）绞碎：用绞板孔径为 3～5 毫米的绞肉机将果肉绞碎。

（3）加热及浓缩

①低糖度酱：果肉先在夹层锅加热浓缩 25～30 分钟，加入糖液及琼脂再浓缩约 20 分钟，至酱的可溶性固形物达57%～58%，最后加入香精搅拌均匀，及时出锅，快速装罐。以果胶代替琼脂可提高酱体的质量。

②高糖度酱：加热浓缩至酱的可溶性固形物达 66%～67%时出锅装罐，浓缩方法和时间同上。

（4）装罐：罐号 781，净重 383 克，菠萝酱 383 克。罐号

8113，净重700克，菠萝酱700克。

（5）密封：酱体温度不低于80℃。

（6）杀菌及冷却：①净重383克杀菌公式：3－15/100℃，冷却。②净重700克杀菌公式：3－15/100℃，冷却。

4. 制品特点

本品为橙黄色酱体，口感细腻、酸甜可口。

（二）糖水菠萝罐头

1. 原料

菠萝、白砂糖等。

2. 工艺流程

原料选择→清洗→分级→切端→去皮→捅芯→修整→切片→二次去皮与分选→预抽装罐→排气、密封→杀菌、冷却

3. 制作方法

（1）原料选择：选择果形大、芽眼浅、果芯小、纤维少的圆柱形果做原料。除去病虫、伤残、干瘪果。

（2）清洗、分级：用清水将果面的泥沙和杂物冲洗干净，再按果径大小分级。

（3）切端、去皮、捅芯：该项工艺用菠萝联合加工机进行。

（4）修整、切片：削去残皮烂疤，修去果目，用清水淋洗一次，用单片切片机将果肉切成10～16毫米厚的环形片。对不合格的果片或断片可切成扇形或碎块，但不能有果目、斑点或机械伤。

（5）预抽、装罐：将果片放入预抽罐内，加入1.2倍、50℃左右的糖水，在80千帕下抽空25分钟；有条件的可用真空加汁机抽空，效果更佳。968罐型装菠萝片280克，加入用柠檬酸将pH值调至4.3以下的糖水174克。玻璃罐装果片320克，加糖水180克。

（6）排气、密封：热排密封，温度98℃左右，罐中心温度不低于75℃。真空密封的真空度应在53.3千帕以上。

（7）杀菌、冷却：杀菌公式，968罐型为3－18/100℃，玻璃瓶为5－25/100℃。杀菌后立即分段冷却至38℃。

4. 制品特点

本品果肉淡黄至金黄色，色泽一致，糖水透明，允许有少量不引起混浊的果肉碎片。果肉酸甜适宜，无异味，果片完整，软硬适中，切削良好，无伤疤和病虫斑点。果肉重不低于净重的54％，糖水浓度按折光计为14％～18％。

（三）菠萝果冻

1. 原料

菠萝、白砂糖、琼脂、柠檬酸等。

2. 工艺流程

原料处理→过滤取汁→处理增稠剂→配料混合及加热→装罐→杀菌→冷却、凝冻

3. 制作方法

（1）原料处理：选择成熟菠萝，但不能过熟，以果色绝大部分变黄的八成熟果实为佳。用机械或人工削皮、去芯，用打浆机打成浆状。如果原料比较成熟，打浆时加水很少，一般只需原料的10％。

（2）过滤取汁：通过压榨机，或用布袋榨汁除渣，取菠萝汁作为果冻基本原料。为了降低成本，可在菠萝汁中加入25％～30％的水分，即将菠萝汁稀释了，以菠萝汁液来计算其他添加剂用量。

（3）处理增稠剂：因为菠萝汁含果胶比较少，需外加增稠剂才能使菠萝汁凝结成冻。例如用琼脂作增稠剂，使用量为1％，事先用20倍水浸泡并加热成为均匀胶体。

(4) 配料混合及加热：菠萝汁中加入胶体，取不锈钢锅把菠萝汁与增稠剂混合加热，接着加入占原料重 30%～35% 的砂糖、0.2%～0.3% 的柠檬酸、适量柠檬黄色素、0.05% 的山梨酸钾、0.01% 的菠萝香精，混合均匀加热到沸腾，就停止加热。

(5) 装罐：包装可用 200 克回旋瓶，或 50 克、20 克塑料瓶、盒，接着加盖，密封。

(6) 杀菌：在 100℃ 的沸水中加热 5～10 分钟。

(7) 冷却、凝冻：冷至室温。

4. 制品特点

本品是天然果冻，又称菠萝啫喱，成品呈柠檬黄色，透明或半透明，有弹性，甜酸可口，具菠萝清香。

（四）菠萝酒

1. 原料

菠萝果肉、酵母等。

2. 工艺流程

预备原料→破碎→酶分解→发酵→过滤、后熟→蒸馏

3. 制作方法

(1) 原料破碎：菠萝用切片机除去皮和芯，将菠萝果肉用旋转式破碎机或搅拌机等进行破碎。破碎液中含有果汁和纤维，这是两者的混合物。

(2) 酶分解：破碎液加入纤维素分解酶，使纤维分解成可发酵性糖。所用纤维素分解酶系普通的纤维素酶。每 100 千克破碎液的用酶量为 100 克。酶处理条件为 30℃，24 小时。破碎液经酶处理后，由于纤维素被分解，破碎液逐渐变清，而纤维素最终被转化成可发酵性糖。这里所说的可发酵性糖，即指能被酵母同化的糖，主要是 β-D-葡萄糖。

(3) 发酵：酶处理液再加酵母进行发酵。所用酵母以啤酒酵

母为好。酵母先进行预培养，培养好的培养液（称之为酒母）用于发酵。发酵通常在室温下进行，为期 5 天，当糖度降到 1％～2％时即可停止发酵。

（4）过滤、后熟：发酵结束后，用过滤法除去发酵液中的沉淀杂质之后，再进行后熟。这样生产出的菠萝酒为葡萄酒型的酒，酒精度约为 8％，菠萝酒的得率为破碎液的 60％。

（5）蒸馏：把上述发酵液进行蒸馏后，即生产出白兰地型菠萝酒，其酒精度为 40％左右。

4. 制品特点

本品是用发酵方法制成的葡萄酒型或白兰地型菠萝酒，酒味较浓，风味独特。

（五）菠萝果丹皮

1. 原料

菠萝、海藻酸钠、白砂糖、柠檬酸等。

2. 工艺流程

原料处理→打浆→浓缩配料→摊皮→烘烤→揭皮→干燥→切分→包装

3. 制作方法

（1）原料处理：取八九成熟的菠萝，去皮，因为菠萝芯粗纤维多，会使成品有粗糙感，如果果芯部能利用（如可制蜜饯），就去除菠萝芯更好，否则不除芯也可以。

（2）打浆：把菠萝果肉在打浆机内打成浆状物。打浆时尽量少加水，否则浓缩时增加燃料损耗，提高成本。

（3）浓缩配料：先在不锈钢锅内加热浓缩，蒸发部分水分，然后加入砂糖，用量为原料的 80％或 100％，接着加入增稠剂海藻酸钠，用量为原料的 0.7％～0.8％。事先加入 10 倍水浸泡并加热溶解成均匀胶体，然后加入到果浆与砂糖煮熬。浓缩过程中要不断搅拌，同时可适当加入 0.01％的柠檬黄色素，最后加入 0.2％～0.3％柠檬酸、0.05％山梨酸钾，浓缩到固形物含量达到 75％即停止加热。

（4）摊皮：在深度为 6 毫米的钢化玻璃上先铺上一层白布，然后把浓缩后的菠萝酱体倒在上面，厚度为 3～4 毫米。

（5）烘烤：送去烤房，在 65℃下烘烤到半干状态。

（6）揭皮：从烤房取出后，把半干皮趁热揭起。

（7）干燥：在 65℃下干燥到含水量 2％。

（8）切分：按要求用机械分切成圆形或长 3 厘米、宽 2 厘米的薄片。

（9）包装：小袋或筒状密封包装。

4. 制品特点

本品为棕黄色薄片，酸甜可口，具菠萝风味。

（六）浓缩菠萝汁

1. 原料

菠萝、苯甲酸钠等。

2. 工艺流程

原料选择→清洗→切端、去皮→榨汁→过滤→脱气→杀菌→冷却→浓缩→装瓶

3. 制作方法

（1）原料选择：选用成熟度八成以上的果，或生产罐头和果脯的下脚料，充分利用不能进行其他加工用的果，剔除腐烂果、病虫果。

（2）清洗、切端、去皮：洗净果皮表面的污物，切端，除去果皮。

（3）榨汁：去皮后的菠萝送入螺旋榨汁机中榨汁，第一次榨汁后的果渣可以再加点水重压一次，以提高出汁率。

（4）过滤：先用孔径为 0.5 毫米的刮板过滤机粗滤，以除去粗纤维和其他杂质。再用筛网为 120 目的卧式离心过滤机精滤，以除去全部悬浮物和容易产生沉淀的胶粒。

（5）脱气：在真空度为 64～87 千帕的条件下脱气，然后在出口处用螺杆泵吸出已脱气的果汁。

（6）杀菌：果汁采用瞬间杀菌法。温度为（93±2）℃，保持 15～30 秒钟。

（7）冷却：将杀菌后的果汁在换热器内进行冷却，已杀菌果汁与原果汁之间进行热交换，将已杀菌果汁冷却到 50℃ 左右，同时使原果汁预热。

（8）浓缩：将苯甲酸钠按 0.5 克/千克的比例加入果汁中，送入真空浓缩器中浓缩，将真空度控制在 85 千帕左右，温度为 48℃～55℃，加热蒸汽压力为 50～150 千帕。当浓缩至总糖量达到 57.5％～60％（以转化糖计）时，即可出锅。

（9）装瓶：装瓶前对瓶子等容器进行清洁、消毒。当果汁冷却到瓶子能承受的温度时，就在无菌室内装瓶、密封，除去瓶外水分，贴标签、入库。

4. 制品特点

本果汁呈半透明、淡黄色至褐黄色。浓缩果汁冲淡 6 倍后，具有与菠萝汁相似的芳香味，无苦涩味，无异味。总糖量（以转化糖计）达到 57.5％～60％，总酸度（以结晶柠檬酸计）在 31％以上。

（七）菠萝糖

1. 原料

成熟菠萝、白砂糖等。

2. 工艺流程

原料处理→浸灰→糖渍→糖煮→干燥→冷后包装

3. 制作方法

（1）原料处理：选用进入成熟期的菠萝，除去烂果、病果、虫果，用人工或机械办法去皮、去芯、去果眼，再进行切片。果身直径在 5 厘米以内的，可横切成 1.5 厘米厚的圆片；直径在 5 厘米以上的，可分切成四瓣的扇形片。

（2）浸灰：菠萝果肉属多汁浆果类型。浸灰的目的是使果胶物质与钙结合成不溶性果胶酸钙盐，使疏松易煮烂的果肉变得稍为坚密，不易煮烂，同时中和果肉所含酸分。浸灰是用浓度为 3% 的石灰水，即用 1.5 千克生石灰加入 50 千克水，不断搅拌使其溶解。待片刻，浑浊的石灰水澄清后，取上层清液浸菠萝片 8 小时，过后用大量清水冲洗，要用 pH 试纸测试 pH 值，以试纸不变蓝色为度。然后将原料沥干水分。

（3）糖渍：在容器中加入菠萝片 50 千克、砂糖 20 千克、苯甲酸钠 25 克，翻拌均匀后浸渍 24 小时。

（4）糖煮：再加入 10 千克砂糖，与菠萝片共煮，不断搅拌，一直煮到菠萝片透明，吃饱糖分，而且出现了糖结晶，方可停止加热，移出果干，摊于烘盘中，进行干燥。

（5）干燥：在 60℃ 下烘到含水量为 18%。

（6）冷后包装：包装前可用菠萝香精喷雾一次。

4. 制品特点

本品属于干态蜜饯类，色浅黄或橙黄，制品表面允许有白糖结晶。成品要求：表面干爽，砂糖结晶细小而均匀，有菠萝芳香，风味独特。

（八）香蕉脆片

1. 原料

鲜香蕉、奶粉等。

2. 工艺流程

原料选择→洗净、去皮、切片→拌料→烘干→油炸→分级包装

3. 制作方法

（1）原料选择：用于制作香蕉片的香蕉要充分成熟、无病虫、无腐烂。

（2）洗净、去皮、切片：将香蕉倒入清水中冲洗干净，去皮，切成 0.5～1 厘米厚的薄片。

（3）拌料：按香蕉 10 份、奶粉 1 份、水 5 份的比例，先将奶粉与水冲和，倒入香蕉片中，充分搅拌，使所有的香蕉片都能黏上奶粉。

（4）烘干：将香蕉片放入烘烤器中升温 80℃～100℃，使其脱水。香蕉片含水量为 16％～18％时，即可从容器中取出。

（5）油炸：将经过烘烤的香蕉片再放入 130℃～150℃的素油中炸至茶色，出锅即为松酥脆香的"香蕉脆片"。

（6）分级包装：按色泽、大小进行分级包装。

4. 制品特点

本品色泽茶黄、质松酥脆、香甜可口。

（九）香蕉果脯

1. 原料

鲜香蕉、白砂糖等。

2. 工艺流程

原料选择→分级→预煮→冷却→去皮→切块→护色→硬化→糖液煮制→糖液浸泡→烘干→整形→包装→成品

3. 制作方法

（1）原料的选择与分级：选取果皮已成淡黄色、果肉柔软的已熟香蕉，剔除虫咬、有组织损伤、过熟的香蕉，然后将合格原料按果径大小与成熟度进行分级，使制得的成品质量均一。

（2）预煮与冷却：将原料投入沸水中，加入 $0.1\%\sim0.2\%$ 的明矾煮 $2\sim3$ 分钟，捞出后用冷水迅速冷却至常温。

（3）去皮、切块：手工剥去香蕉皮，用不锈钢小刀剔除果肉腐烂部分、变色斑点及果肉表面没被剥净的筋络，然后沿着果肉中线纵切为两半，再横切为 5 厘米左右的块状。

（4）护色：将切成小块的果肉迅速投入 2% 的亚硫酸钠溶液中，浸泡 5 分钟，以防酶将果肉由淡黄色变成黑褐色。

（5）硬化：护色后的果块置于浓度为 1.5% 的氯化钙溶液中，浸泡 $5\sim8$ 分钟。浸泡的时间与氯化钙溶液浓度可根据原料成熟度适当调整，用以增加果肉的硬度，便于加工。

（6）糖液煮制与浸泡：配制 55% 的糖液，并在糖液中加入一定量的羧甲基纤维素，控制羧甲基纤维素的浓度为 0.5% 左右。糖液煮沸后倒入果块，煮至糖度升至 $60\%\sim65\%$，关火停煮，用煮制糖液浸泡果块约 24 小时。

（7）烘干：果块沥干糖液，用远红外烤箱烘干，温度 65℃，需 $8\sim10$ 小时，至果块表面不黏手即可出炉。

（8）整形、包装：将色泽不一致的成品剔除出，整形成统一形状。然后用透气性差的聚乙烯塑料袋进行真空密封包装。

4. 制品特点

本品外表光滑，不黏手，组织饱满，糖液渗透较均匀，甜度高，香蕉香味浓郁，无涩味、苦味等异味。

（十）香蕉果酱

1. 原料

香蕉、白砂糖、增稠剂等。

2. 工艺流程

选料→护色、打浆→浓缩、加糖→灌瓶→杀菌→冷却→成品

3. 制作方法

（1）选料：采用充分成熟的香蕉，过熟的香蕉也可利用，人工剥皮待用。

（2）护色、打浆：香蕉果肉在打浆机内打浆要接触大量空气，如不加以护色，果酱就会变黑褐色，因此，护色对保持果酱原色泽是个关键措施。在打浆之前先把果肉在100℃热水中热烫2分钟，目的是用高温钝化多酚氧化酶活性，从而中断了多酚类物质的氧化。果肉中心温度达85℃时能基本抑制酶促褐变现象。热烫后把果肉捞起，加入维生素C即抗坏血酸作为护色剂，进入打浆机打成浆状。热烫后汁液可回收做香蕉汁饮料原料，加以综合利用。

（3）加热浓缩、加糖及添加剂：采用常压浓缩要尽量缩短加热时间，短时间加热浓缩后加入白糖，使可溶性固形物达到40％～45％就可停止加热，并可适当加入海藻酸钠等增稠剂。

（4）灌瓶：用200克四旋瓶装罐，加盖。

（5）杀菌：常压杀菌，即在100℃沸水中加热杀菌20分钟可达到杀菌目的。

（6）冷却：采用分段冷却方法，最后冷却到40℃。

（7）成品：加工后产品于室温下贮存15个月后，其色、香、味基本正常，不产生褐变现象。

4. 制品特点

香蕉果酱成品呈浅黄至金黄色，酱体润滑，有浓郁香蕉芳香，甜酸可口，可做老年、婴幼儿食品，并有加工面包、果酱、冰淇淋食品之用。

（十一）香蕉片罐头

1. 原料

香蕉、白砂糖、柠檬酸等。

2. 工艺流程

原料选择→剥皮、除丝络→切片及浸渍→热处理→装罐→排气→封口→杀菌、冷却→成品包装

3. 制作方法

（1）原料选择：香蕉的成熟度与罐头质量有很大关系。香蕉欠熟，有酸涩味；过熟，易软烂，以致片形不整齐，混浊不清。可将九成熟的香蕉在温度18℃左右条件下，用化学法（电石法或乙烯）或烟熏法催熟，至第三或第四天后，做制罐头的原料最佳，此时香蕉皮呈黄色，略带梅花小黑点。亦可在催熟至酸涩味刚消失的当日或次日进行加工。

（2）剥皮、除丝络：催熟适度的香蕉用消毒过的清水洗干净，然后剥去外皮，再用不锈钢小刀的尖端或竹夹子，将果肉四周的丝络挑除或夹去。必须小心除净，不然制成罐头后，香蕉片周围即呈现褐色变成棕色的粗纤维，影响质量和外观。

（3）切片及浸渍：除净丝络的果肉，用不锈钢刀或切片机横切成厚度为1厘米的香蕉片。切片后立即投浸在浓度为50％的糖液中，在室温下浸渍20分钟，以防止果肉氧化变黑。

（4）热处理：浸渍后的香蕉片用漏勺捞出，置于浓度为30％的沸糖液中，在85℃～95℃温度下，保持10分钟。

（5）装罐：①配糖汁：以清水35升，倒入锅中加热至沸，再倒入白砂糖15千克加以搅拌，至砂糖完全溶解，用折光仪测量糖度，校正到30％。糖液加入0.5％柠檬酸，过滤后保温备用（保持80℃以上）。②洗瓶：瓶子应用清水洗净，并经蒸气消毒（100℃，20分钟）。胶圈用水煮5分钟才能使用。③装罐称量：用500克瓶，每瓶准确称量，香蕉片果肉300克、糖水205克，总净重505克，加入维生素C 35毫克（可使产品色泽好）。

（6）排气：装好的罐头应及时排气，排气温度为90℃～95℃，时间10～12分钟，中心温度达到95℃以上时，立即进行

封口。

（7）封口：用半自动封罐机封口。封口后在检验台进行封口检查，不合格的实罐要及时剔除。

（8）杀菌、冷却：杀菌槽里水温达 100℃算起，30 分钟后停止加热。分三段进行冷却，至罐身温度达 35℃～38℃时取出。冷却后用纱布擦罐，以免罐盖生锈。杀菌公式：7 - 30 - 5/100℃。

（9）成品包装：按成品包装操作要求进行。

4. 制品特点

本品蕉片完整，罐液透明，具香蕉清香，口感适宜。

（十二）香蕉原汁

1. 原料

鲜香蕉、果胶酶、柠檬酸、白砂糖等。

2. 工艺流程

香蕉预处理→磨浆→瞬时杀菌→冷却→酶解→钝化酶→离心过滤

3. 制作方法

（1）香蕉预处理：选取九成半以上成熟度的香蕉为原料，首先进行催熟处理，即把香蕉放入密闭室内，用烟熏的方法或化学方法（乙烯）催熟，然后取出在室温下任其后熟，至蕉皮转变成黄绿色，每日取样尝试，至酸涩味消失的当日或次日开始加工。加工前，手工去皮，并将果肉周围筋络用竹夹或不锈钢刀剔除。去皮后，将果肉投入预先调配好的浓度为 1％的柠檬酸溶液内，防止氧化变黑。

（2）磨浆：用打浆机研磨香蕉肉，使果泥通过不锈钢筛（筛孔直径分别为 0.6 毫米、0.4 毫米），同时加入 30％的水进行磨浆。

（3）瞬时加热杀菌：香蕉果肉中含有氧化酶，易与空气接触逐渐变成暗褐色，故必须经加热钝化氧化酶，以保持香蕉原有的色泽，加热温度以 85℃ 以上为宜。

（4）冷却：冷却至 45℃，并加入柠檬酸，调节 pH 值为 3.5。

（5）酶解：将香蕉浆经过计量之后，加入 0.02% 的果胶酶，于 45℃ 条件下酶解 4～5 小时。

（6）钝化酶：酶解后，将香蕉加热至 85℃，使果胶酶失去活性。

（7）离心过滤：果浆以 100 目的筛网过滤，即得透明的香蕉原汁。

4. 制品特点

本品色泽透明，以此配成饮料，味道芳香浓郁，口感良好。

（十三）香蕉冻糕

1. 原料

香蕉 200 克、白糖 100 克、食用胶 15 克、水 500 克等。

2. 工艺流程

选料→去皮、捣碎→混胶、煮沸→装盘→晾凉→冷藏

3. 制作方法

（1）原料预处理：将新鲜、成熟的香蕉去皮，切成小块，加适量水捣碎，备用。

（2）混胶、煮沸、装盘：将白糖、水和溶化的食用胶混合，边搅拌边加热煮沸，再加入香蕉泥，搅匀，装入盘内。

（3）晾凉、冷藏：晾凉，放入冰箱冷藏，待用。

4. 制品特点

本品具有香蕉的特色风味，清香细腻，助消化，通便。

（十四）香蕉、甜橙、西番莲复合果汁

1. 原料

香蕉、甜橙、西番莲、白糖等。

2. 工艺流程

香蕉→去皮→热烫→打浆→酶处理→浸提→过滤→清汁；

甜橙→切分→取汁→过滤→清汁；

西番莲→切分→取汁→过滤→清汁；

三种清汁混合→离心分离→调配→均质→脱气→杀菌→装罐→成品

3. 制作方法

（1）香蕉取汁：选充分成熟、果皮呈黄色、果肉变软、香气浓郁的香蕉，剥去外皮后，在浓度为 1.25％的亚硫酸氢钠溶液中浸泡 3 分钟，立即在 85℃水中处理 1 分钟，使酶失活。然后将果肉捞出沥干，加少量水打浆，果浆中加入 0.02％远天 34 复合果胶酶，用柠檬酸调节料液 pH 值为 3.5，在 45℃下酶解 4 小时，将料液加热至 85℃，使果胶酶失活。再在果浆中加 3 倍水浸提，用 100 目筛网过滤，得澄清香蕉浸提汁。

（2）混合离心：将取得的香蕉浸提汁、甜橙汁、西番莲汁按一定比例混合，用碟式分离机对料液进行离心分离，以除去料液中混杂的固体颗粒。

（3）调配：按以下比例调配：香蕉浸提汁 30％，甜橙汁 5％，西番莲汁 2％，白砂糖 9％，维生素 C 0.02％，水约 54％，稳定剂少许（羧甲基纤维素与黄原胶复合稳定剂）。

（4）均质：在 18～20 兆帕压力下均质。

（5）脱气：利用真空脱气机，在温度 40℃～50℃、真空度 0.0078～0.0105 兆帕条件下脱气。

（6）杀菌装罐：料液用片式瞬间杀菌机加热至 95℃，维持

15 秒，然后冷却至 28℃～30℃。杀菌冷却液通过无菌包装系统装罐封口，要求果汁、管道和包装材料无菌，装罐后密封良好。

4. 制品特点

本品呈淡橙黄色，具有香蕉应有的滋味和气味，并有甜橙、西番莲的香气，酸甜适中，无异味，汁液均匀混浊，久置后允许瓶底有少量沉淀，经摇动后，保持原有状态。

八、荔枝、龙眼类制品

（一）荔枝干（制法1）

1. 原料

鲜荔枝等。

2. 工艺流程

日晒法：原料选择→日晒→回软→再回晒→散热→包装

火焙法：原料选择→预晒→烘焙→发汗→烘干→散热→包装

3. 制作方法

（1）原料选择：应选果形大而圆整、肉厚核小、干物质含量高、香味浓、涩味淡的七八成熟的原料，壳不宜太薄，以免干燥时裂壳或破碎凹陷。加工品种中以"糯米枝"和"元香枝"等为佳。

（2）干燥：干制荔枝干 100 千克，需鲜荔枝 360～380 千克。干燥方法有日晒法和火焙法两种。

①日晒法就是把带穗剪下的鲜荔枝均匀地排列在竹匾内，放在烈日下暴晒，每天翻动一遍。当晒至七八成干时，把竹匾里的荔枝堆拢，用麻袋盖住，让它回潮，使果肉内外干潮均匀。回软后再在阳光下继续暴晒，晒至八九成干时，果壳褪色，在烈日下用喷雾器喷射少量水分，果壳又会转红。此次暴晒需要 20～25 天。

②火焙法是先将选出的果实铺在竹匾内放置烈日下预晒 2～3 天，使果实一部分水分蒸发，再将荔枝摊放在烘焙的棚面

上，焙灶以砖砌成，内燃木炭。第一次烘焙 24 小时，每2～3 小时翻动一次，然后将经烘焙的荔枝放入竹箩或竹囤内，竹箩下部铺谷糠，上面盖麻袋、草席等。回软 3 天，使果肉干湿均匀。最后再次放入焙灶，使果实干透，否则会霉烂变质。

（3）散热：待干燥后，散去余热。

（4）包装：荔枝干易破碎，一般用木箱包装。木箱四周衬焙干箬叶，中间最好用隔板隔开，以减少撞擦。装箱时要装实，装足，以减少搬运损耗。

4. 制品特点

本品壳色紫红或玫瑰红，颗粒大、核小、肉厚，味香甜，营养价值高，且耐贮藏。

（二）荔枝干（制法2）

1. 原料

鲜荔枝等。

2. 工艺流程

原料选择→剪果→分级→清洗→初焙→再焙→三焙→日晒、催色→包装→贮存

3. 制作方法

（1）原料选择：焙干用的荔枝果实，要求果大圆整，肉厚，果核中或小，干物质含量高，香味浓，涩味淡，果壳不宜太薄，以免干燥时裂壳或容易破碎凹陷，干制后壳与果粒不相脱离，以糯米糍、香荔、黑叶、禾荔为宜。不同的荔枝品种其干制得率不同，以 100 千克荔枝干产品为例，需新鲜荔枝：糯米糍 400～450 千克，香荔 380～420 千克，黑叶、禾荔各 320～360 千克。

（2）剪果：先摘除枝叶、果柄，并剔除烂果、裂果和病虫果。

（3）分级：用分级机或分级筛按果实大小进行分级，同一烤

炉的果实尽可能要求大小均匀一致。

（4）清洗：将果实装入竹篓中，浸入清水，洗除果面灰尘等脏物，然后捞起沥干水分。

（5）初焙：也叫杀青。即将果实倒入焙灶上进行第一次烘焙。焙灶用砖砌成，宽 2 米，高 0.8～1 米，长度可按室内场地的长短决定，每隔 2 米开一个 50 厘米×50 厘米的炉口，炉床每隔 50 厘米放一条粗约 10 厘米的木条，然后再铺上竹编。也可用烘制龙眼干的烤炉来焙烤荔枝干。烤炉有平炉、斜炉之分。平炉一般用木炭做燃料，它热能低，烤干时间较长，成本比用煤高50% 左右，但其干燥较均匀一致，果肉色泽呈金黄色，品质较好。斜炉一般用无烟煤、煤球做燃料，热能高，烤干时间略短些，成本低。干果外观颜色较灰白且色泽一致，但其果肉品质略差些。初焙前，先将果实倒入烘床中，每个炉灶一次焙鲜果500～600 千克，并用麻袋片盖果保温。初焙温度可高些，控制在 65℃～70℃（以果壳烫手为度）。每 2～3 小时翻果一次，经24 小时停火。冷却后装袋堆压 2～3 天。

（6）再焙、三焙：经初焙放置 2～3 天的荔枝果实，果肉、果核内部水分逐渐向外扩散，果肉表面比刚烤时较为湿润，须再行焙烤。再焙温度控制在 55℃～65℃，每 2 小时翻动一次，一般经过 10～12 小时再焙即可烤干。果大肉厚的果实，经再焙后须放置 3～5 天，待果肉内部水分继续扩散外渗后进行三焙。三焙时间 8～10 小时，温度控制在 45℃～50℃。

（7）日晒、催色：荔枝果实在焙烤八九成干时，果壳褪色，色泽变暗灰。为使荔枝干果干燥均匀，色泽一致，可在烈日下晒制 3～5 小时。若需将荔枝干果面转为红色，可在烈日下用喷水器喷射少量水分，果壳便自然返红。晒干后待热量散发冷却，即可保存。

（8）扁荔枝干的制作方法：将八九成干的荔枝果实倒入蒸笼

中，放入杀菌锅内加热喷汽 3～5 分钟或在沸水中蒸 30～40 分钟。然后用布袋盖住果实，趁热压踩至荔枝果皮变凹后晒或烘干即成。

（9）干烘程度检查：用手捏果壳易破碎，剥出果肉肉质光滑滋润，不黏手，用锤敲打果核 70％ 以上粉碎即为烤干。

（10）包装、贮存：荔枝干怕热，怕压，易虫蛀，应注意防潮、防压、防热，避免与异味商品堆放在一起。贮存时要定期检查，发现回潮及时复晒或复烤。在南方多雨天气，一般常温下可贮存 3～5 个月，北方干燥天气可贮存 1 年以上。

4. 制品特点

本品果粒大而均匀，果身干爽、果壳完整，破壳率不超过5％，果肉厚，肉色金黄，口味清甜，无烟火味。

（三）速冻荔枝干

1. 原料

鲜荔枝等。

2. 工艺流程

原料挑选→清洗→去皮（去核）→浸泡→漂烫→冷却→速冻→称量包装→冷藏

3. 制作方法

（1）原料挑选：将采摘下来的荔枝去掉枝叶，选出大小均匀、无病虫害的果实为原料。

（2）清洗：将挑选出来的荔枝果实用清水冲洗干净，除去泥沙等杂物。

（3）去皮：采用手工去皮的方法，先用小刀从荔枝果实的柄处向下划开，用手剥去皮，必要时可用力将核挤出（为了保持良好形态，也可以只去皮而不除核），然后将去皮后的荔枝果实立即投入浸泡液中。

（4）浸泡：配制含 1％氯化钙加 0.5％柠檬酸的浸泡液，浸泡去皮荔枝果实 20～25 分钟，防止果肉热烫时软烂，并防止果肉褐变。

（5）漂烫：漂烫的目的主要是进一步进行灭酶处理，防止酶促褐变现象的发生。将浸泡液中的荔枝果实捞出，投入含有 0.5％氯化钙、0.5％柠檬酸，温度为 100℃的漂烫液中，漂烫 0.5～1 分钟。

（6）冷却：漂烫后的荔枝果实应迅速捞出，放入清水中漂洗冷却至 10℃以下。

（7）冷冻：将冷却后的荔枝果实沥去水分，散开摊在输送带上，迅速送入 −30℃～−40℃的冷冻室中，冷冻 50～60 分钟。

（8）称量包装：将已冻结的荔枝果实除去颜色、形状不佳的部分，准确称量后装入快餐饭盒或塑料包装袋中，其称量误差不得大于 ±2％。

（9）冷藏：将包装好的荔枝果实装入保温、防水的厚纸箱中，上下接缝用胶带贴好，放在 −18℃条件下冷藏，待贴标出厂。

4. 制品特点

本品有效地保持了荔枝固有的色、香、味及营养成分，呈半透明状、颜色自然，没有褐斑点出现，大小均匀一致，个体饱满，没有相互粘连的现象，自然解冻后也不粘连，不软烂，外观无冰晶产生。自然解冻后其果肉具有鲜果特有的香甜滋味、气味和口感。

（四）瓶装糖水荔枝

1. 原料

鲜荔枝、白砂糖等。

2. 工艺流程

选果→洗果→剥皮、去核→分级整理漂洗→装罐→灌糖水→排气密封→杀菌冷却

3. 制作方法

（1）选果：选八九成熟的果实，果皮绝大部分呈鲜红色，绿色部分不得超过果面的 1/4。选好后分级，一般分为 3.2 厘米以上和 2.8～3.2 厘米两级。小于 2.8 厘米的，则用于做荔枝汁的原料。果实要新鲜，要求采收后 24 小时内运到工厂，最迟不得超过 36 小时。进厂后要进行选果，凡小果、果皮变褐、软腐出水或生霉破裂的，都要剔除。

（2）洗果：先用清水洗涤，然后用浓度为 0.1％的高锰酸钾溶液浸 5 分钟消毒，再用流动清水漂洗 5 分钟。浸洗时操作要仔细，不得弄破果皮，以免污染果肉。

（3）剥皮、去核：用大小穿芯圆筒（大头直径 1.5～1.6 厘米，小头直径 1.3～1.4 厘米，头端磨成锋利）及尾端带有尖刀的镊子，按果皮大小用穿芯筒的大头或小头对准果蒂插入，稍转动一下，用力不要过大，以能触动种核为度。用刀尖沿穿心筒的切痕插入稍转一圈，使果肉与种核完全分离，然后用镊子夹出种核，从洞口附近撕去果皮。在操作时，要保存果肉的完整。剥去核后，立即将果肉投入清水中，不得污染，并避免与任何铁制工具接触。果肉应随剥随收，每盆果肉约 1 千克即送下一工序。

（4）分级整理漂洗：去皮去核后进行整理。将破裂分离的果肉拣去。如果肉上带有核屑、核膜和核柄，必须用剪刀剪去。将整理后的果肉装在有孔的筛子内（每筛不超过 2 千克）放到流动的清水中漂洗，时间越短越好，最好不超过 2 分钟。去皮去核后的果肉应在 12 分钟内分级整理和漂洗，尽量减少与空气接触的时间。漂洗后随即送去装罐，不可积压。以上工序进行的时间越短越好，否则会导致果肉变红。

（5）装罐：用标准素铁罐身和抗酸涂料铁盖。空罐应先洗净，再用沸水消毒。果肉装入量为每罐 330～335 克，装罐后立即送去灌糖水。

（6）灌糖水：糖水作为罐头内部的填充液，气温在 20℃ 时，白糖液用波美度测定为 30％，并用柠檬酸将糖液含酸量调整至 0.2％ 左右。糖水灌入量为每罐 242 克，灌入时的温度应不低于 75℃。

（7）排气密封：灌糖水后，随即送入排气箱。排气箱内充满蒸气，温度达到 90℃ 左右。罐头在排气箱内通过的时间为 6～7 分钟。通过排气箱后，罐心温度达到 75℃ 以上。排气后立即加盖，用封口机密封，封后须检查封口是否良好。密封后 10 分钟内必须进行杀菌。

（8）杀菌冷却：将杀菌锅内的水煮沸，再将罐头放入，然后把锅内热水重新加温，待水再沸时即计算时间，3 分钟即完成。整个杀菌过程要求在 10 分钟内做完。杀菌后吊出罐头，迅速投入冷却池，用流水冷却，使罐心温度降到 30℃ 以下，降温时间越短越好，否则会导致果肉变红。

4. 制品特点

①果肉呈白色或微红色，果实允许略带黄褐色，果核内壁木质化组织允许带红褐色，糖水较透明，允许少量不引起混浊的果肉碎屑。②具有本品种糖水荔枝罐头应有的风味，甜酸适度，无异味。③果肉组织软硬适中，并保持应有弹性，果形完整，大小均匀，洞口较整齐，不带核屑，允许有轻度脱膜、裂口和缺口。④果肉重不低于净重的 45％，糖水浓度 14％～18％（开罐时按折光计）。

（五）荔枝果冻

1. 原料

鲜荔枝肉 150 克、白糖 75 克、淀粉 15 克、食用胶 15 克、水 500 克。

2. 工艺流程

选料→清洗→去核、剥皮→榨汁→配料→加热煮沸→分装→冷却→成品

3. 制作方法

（1）原料预处理：选成熟的荔枝，清洗后去核、剥皮。

（2）榨汁：用螺旋榨汁机榨汁（筛孔为 0.4 毫米）。也可利用制荔枝罐头时的碎料榨汁或自流汁，或用制荔枝脯时的糖液来制造荔枝果冻。

（3）配料：淀粉加少许冷水调匀成糊状，食用胶加热水备用。再将糖、水和溶化的食用胶及荔枝肉泥混合，边搅拌边加热煮沸，然后加入淀粉糊，同时不断搅拌，继续加热煮沸。为防止加热时料糊，可隔水蒸煮、搅匀。

（4）分装、冷却：分装于杯中，晾凉后，放入冰箱冷藏，随食随取。

4. 制品特点

本品色泽洁白，香甜清凉，为应时佳品。

（六）荔枝酒

1. 原料

鲜荔枝汁 57 千克、白砂糖 65 千克、精馏酒精 42 千克、柠檬酸 1.8 千克、荔枝香精 700 克、糖精钠 100 克、苯甲酸钠 200 克、酶制剂 0.114～0.228 克、胭脂红适量。

2. 工艺流程

备料→熬糖→配料→澄清→二级配料→冷冻→装罐

3. 制作方法

（1）熬糖：准确称量所需的白砂糖和处理水，加入熬糖锅内，通入 2 千克/厘米^2 压力的蒸汽，间接加热到沸腾，时间要短，一般 5～10 分钟。此时可加入 200 克苯甲酸钠。待糖液清澈透明，溶化均匀后就可停止加热。熬糖过程中用搅拌器缓慢搅拌，以加速溶化。糖液熬好后，经纱布过滤到冷却缸，间接通入自来水于夹套层内，使糖液迅速冷却到 30℃以下，然后抽到配料缸配料。

（2）配料：根据配方要求的数量，向配料缸中抽入定量糖液。再从果汁贮罐中抽出定量的鲜果汁，并经过滤器进入配料缸中。依次加入糖精钠、酒精、柠檬酸、色素，最后加入香精，并要求各自经纱布过滤。用搅拌机搅拌 0.5 小时以上，直到均匀为止，经过滤器过滤后抽到澄清缸中澄清。

（3）澄清：在澄清缸中采用酶制剂做澄清处理。一吨果汁加 2～4 千克干燥的酶制剂提出的酶浸液（将酶制剂放入大桶中，用 4～5 倍预热到 42℃～45℃的果汁浸渍，搅拌后保温放置 3～4 小时，并不时加以搅拌，澄清后即为酶浸液）。加入酶浸液后，一般要求搅拌 0.5 小时以上，然后将罐密封，自然澄清 1 周以上，从目视玻璃管中观察澄清度良好后，就可自上而下分层抽到二级配料罐中最后配制。

（4）二级配料：将糖浆抽到二级配料罐中后，以配方要求的数量，抽入经消毒灭菌处理的无菌水，再次搅拌，达到均匀一致。

（5）冷冻处理：将配好的酒液经板式热交换器进行冷冻处理，使温度降至 4℃以下，经最后一次过滤器过滤后进入混合机，与二氧化碳混合，再进入灌装机进行装罐。

（6）装罐：将经洗瓶消毒处理的酒瓶由输送线送来灌装，将酒液装瓶压盖，贴标装箱后入库。

4. 制品特点

本品为用果汁配制的低度酒，具有荔枝特有清香，口感清新。

（七）荔枝汁

1. 原料

鲜荔枝、白砂糖、柠檬酸等。

2. 工艺流程

选料→去核、剥壳→打浆→调配→加热→装罐→密封→杀菌、冷却

3. 制作方法

（1）选料：果实应新鲜良好，成熟适度，风味浓郁。剔去病虫害、腐烂及未成熟果。也可部分采用生产糖水荔枝过程中选出的新鲜果肉。

（2）去核、剥壳：一般采用 13.5 毫米和 12.5 毫米两种去核器，对准蒂柄打孔，去蒂柄深度以筒口接触到果核为度。

（3）打浆：用筛板孔径为 1.5～2.5 毫米的打浆机打浆取汁。荔枝肉渣经压榨也可取得余汁。

（4）调配：原汁 60 千克、14% 浓度的糖水 40 千克、柠檬酸适量，调至果汁糖度为 14%～16%，含酸量为 0.2%。

（5）加热：混合调配后的汁，立即加热至汁温达到75℃～80℃，粗滤后迅速装罐。

（6）装罐、密封：装罐前罐盖事先消毒，密封时果汁中心温度不得低于 70℃。

（7）杀菌、冷却：沸水中煮 8 分钟，快速分段冷却。

4. 制品特点

本品呈乳白色或淡黄色，具有新鲜荔枝甜果汁应有的风味，无异味，汁液均匀混合，长期放置允许有沉淀，原果汁含量不少于 60％，可溶性固形物（以折光度计）12％～15％，总酸度（按柠檬酸计）0.2％～0.25％。

（八）龙眼干

1. 原料

鲜龙眼等。

2. 工艺流程

原料选择→剪粒→分级→浸水→沙摇擦皮→初焙→再焙→剪蒂→挂黄→复焙→再分级→包装

3. 制作方法

（1）原料选择：制龙眼干要求选用果形大、肉厚、含糖量高的品种，如乌龙岭、东壁、石硖、八月鲜等。果实以充分成熟为宜，这样制干后品质才好。

（2）剪粒、分级：龙眼干制以单粒果为好。果实采收后，用小剪刀从果穗上逐粒剪下果粒，果梗留 1.5 毫米左右，除去烂果、裂壳果和发育不良的小果，用竹筛式分级机，按果形大小分为 4～6 级。

（3）浸水：剪粒后的果实装入竹篮，浸在清水中 5～10 分钟，并洗去果皮上的灰尘和杂物。

（4）沙摇擦皮：把果皮已浸软的龙眼倒入特制的摇笼中，每次 35 千克，撒入 250 克干细沙，摇 6～8 分钟（400～600 次），待果皮转棕色，取出洗净后干燥即可。

（5）烘焙：龙眼烘焙分为初焙和再焙。炉灶用砖砌成，长2.1 米，宽 2.2 米，灶前高 0.8 米，灶后高 1.1 米，灶门宽、高各 0.5 米，灶面用木条或竹竿设架，铺上竹帘成烘果棚面。初焙：把经沙摇擦皮的龙眼，倒在焙灶上整平。每个焙灶 1 次可焙 300～400 千克龙眼。燃料用无烟木炭或无烟煤。初焙温度控制在 65℃～70℃，8 小时后翻果 1 次，隔 5 小时再翻 1 次。经 1～2 次翻焙，昼夜初焙，待果实六成干时可起焙，散热后存放。再焙：经初焙的龙眼放置 3～4 天后，把果实按大小分 2 级，分别烘焙。一般温度控制在 60℃，烘焙 6 小时。每隔 2 小时翻动 1 次，烘至果蒂用手指轻推即可脱落，果肉呈细密皱纹，深褐色，干燥，用牙咬种子极易裂开，断面呈草木灰色时龙眼干即制成。

（6）剪蒂：烘焙干后，用小剪刀将龙眼干的果梗剪平，之后即可包装。

（7）挂黄：将 12～14 千克龙眼干放入摇笼，用少许清水淋湿，加入 400 克挂黄药剂（70％姜黄粉＋30％白土），摇动至果皮均匀着色，再把龙眼干放置焙灶上，在 40℃～50℃温度下烘焙 1～2 小时即可。这样做可以提高产品的商品性。

（8）包装：用密封性较好的胶合板箱包装，内衬塑料薄膜，边装果边摇动，装填充实，每箱重 30 千克，然后密封袋口、钉紧并密封箱盖，防止返潮。

4. 制品特点

本品外壳为褐色，果肉呈细密皱纹，深褐色，较干燥，味甜，有韧性。常吃有补心脾，益气血的作用。

（九）桂圆肉

1. 原料

鲜桂圆等。

2. 工艺流程

原料选择→分选、去枝（梗）→剥去果皮取肉→整形、摆筛→烘烤→分级、检验→包装、贮藏

3. 制作方法

（1）原料选择：选择果大、核小、肉厚、果肉干苞的石硖、干苞、广眼等品种做原料。

（2）分选、去枝（梗）：将龙眼果实按果形大小进行分级，并挑除烂果，剥去枝（梗）。

（3）剥去果皮取肉：用专门工具从果蒂部除果核，取出果肉。这一工序应尽量保持果肉完整，避免破碎果肉而影响产品质量等级和得率。

（4）整形、摆筛：把取出的果肉适当修正，使其保持原果形状，然后均匀地摆放在烘筛上。摆筛时要求果顶朝下，果蒂向上，并且果肉不能重叠。

（5）烘烤：将摆筛后的果肉放入烘烤室中，用 50℃～60℃温度烘烤，至果肉变黄、表面干爽后即可进行翻筛。翻筛后若为晴朗天气，可在太阳下进行晒制，或在此温度下不断烘至果粒干燥为止。

（6）分级、检验：将烘干的桂圆肉经冷却后按颗粒大小、色泽进行分级，并拣除变黑的肉粒。

（7）包装、贮藏：把分级、检验后的桂圆肉产品用塑料袋进行密封包装后，置纸箱中贮藏在阴凉处。

4. 制品特点

本品果粒金黄、身干，用手捏后松开变散即为干燥。质量要求：颗粒干爽、完整、均匀、黄亮、有光泽，味甜清香，无烟火味，无泥沙杂质。

（十）龙眼酒

1. 原料

龙眼果肉、白砂糖等。

2. 工艺流程

原料选择→制汁→杀菌→接种→发酵→杀菌→陈酿→包装

3. 制作方法

(1) 原料选择：选用装罐头剩下的龙眼果肉碎片和不宜装罐头的果肉。

(2) 制汁：果肉经蒸煮、破碎、压榨后取得汁液。

(3) 杀菌：将果汁放入夹层锅内加热至 85℃～90℃，杀灭杂菌。或者加入 0.03％亚硫酸氢钠，静置 12 小时，使二氧化硫大部分消失。

(4) 接种：菌种量为汁液量的 3％～5％，可采用已培养 12～24 小时、发酵旺盛的葡萄酒酵母液（用 1203 号葡萄酒酵母菌种）。

(5) 发酵：在 25℃～28℃的室温下发酵。①若发酵液含糖量为 8～10 度，经 1～2 天后就可将发酵液蒸馏，得到 50～52 度的龙眼酒。②若加糖后的汁液含糖量达 18％～20％，可酿制发酵酒。接种酵母液后发酵 7～10 天，当发酵液中糖度降为零度时，用虹吸管吸出上部澄清液，去除沉渣，并调节澄清液至酒度为 12～14 度，酸度为 0.3％～0.6％。③若配制甜味果酒，可用 100 千克经过发酵、灭菌的酒液加 8 千克砂糖配成。

(6) 杀菌：酒液调制完毕后，在每 100 千克酒液中加 15 克亚硫酸氢钠杀菌，或把酒液加热至 78℃，然后立即降温冷却。

(7) 陈酿：将酒装入酒坛密封贮存，经陈酿半年以上，使酒气浓郁，酒味更加醇和。

(8) 包装：果酒在坛中成熟后，每 100 千克酒液加 10 克亚硫酸氢钠即可装瓶。玻璃瓶须经沸水煮 5 分钟。酒液装好后加盖密封，并贴上龙眼酒的商标，装入格子木箱，即可外运。

4. 制品特点

本品酒气浓郁，酒味醇和，风味独特。

（十一）龙眼酱

1. 原料

果肉 60 千克、砂糖 36 千克、琼脂 130 克、柠檬酸 175 克等。

2. 工艺流程

选料→除梗→洗果→去核、剥壳→配料→预煮→绞碎→浓缩→装罐→密封→杀菌→冷却

3. 制作方法

（1）选料：选八九成熟的果实，剔除烂果及成熟度过低果。

（2）预煮：先将果肉与柠檬酸同时放入夹层锅中，加水浸没，在 98～196 千帕的蒸汽压力下预煮 40 分钟左右，至果肉软烂。用孔径为 10～12 毫米的筛筒绞碎 1 次，果渣再打浆 1 次。

（3）浓缩：琼脂经除去杂质后用清水洗净，在 20 倍的沸水中浸 15 分钟，加热溶解，过滤备用。取砂糖配制成浓度为 70％～75％的糖浆，用纱布过滤后备用。

将果肉倒入夹层锅中，用 0.25～0.30 兆帕的蒸汽压加热浓缩。煮沸后，将糖浆分成 3 份加入，并不断搅拌，浓缩至浆呈淡金黄色，浆液温度达 106℃时，加入琼脂（也可不加）。

（4）装罐：趁热将果酱装入玻璃罐中，在罐中心温度不低于 80℃时趁热密封，并倒罐 3 分钟。

（5）杀菌、冷却：将罐趁热投入沸水中杀菌 5～20 分钟，并立即分段冷却至 40℃以下。

4. 制品特点

本产品呈淡黄色至橙黄色，均匀一致，具有龙眼酱应有的良好风味，无焦糊味，无异味，无果壳、果核及白色纤维，煮制良好。酱体呈粒状，不流散，无液汁分离，稍有韧性，无糖结晶体。其转化糖含量不低于 57％，可溶性固形物含量不低于 65％（以

折光度计）。

（十二）龙眼罐头

1. 原料

新鲜龙眼、白砂糖等。

2. 工艺流程

原料选择→整理→分选→装罐→排气、封罐→杀菌、冷却→包装、抹罐

3. 制作方法

（1）原料选择：采用新鲜、无虫害、无病变及无霉烂，外观良好的成熟果。

（2）整理：进行洗果、去核、剥壳等工序。按果实大小采用10～14毫米口径的去核器对准蒂柄，打孔去蒂柄，并夹出核，剥去壳，防止损伤果肉。

（3）分选：将果肉分成大小二级，剔除扁软、破碎、斑点等不合格果，用流动水洗一次。

（4）装罐：将270克果肉装入预先清洗消毒的8113号空罐中，再加入90℃以上28%的糖水约290克，控制总重560克。

（5）排气、封罐：封罐中心温度不得低于80℃，真空室真空度为0.03兆帕。

（6）杀菌、冷却：杀菌公式为3－20－5/100℃，杀菌后立即冷却至38℃以下。

（7）包装、抹罐：罐头经检验合格后，才能包装出厂。

4. 注意事项

（1）龙眼原料含酸量低，必须在糖水中加入0.35%以上的柠檬酸，使成品酸度控制在0.5%左右。

（2）果肉组织较软的原料，必要时可在糖水中加入0.02%～0.08%的氯化钙。

5. 制品特点

本品果肉为白色或稍带淡黄色，同罐中色泽一致，糖水透明，有新鲜龙眼的风味和滋味，酸甜适口，无异味，果肉组织软硬适度，果形完整，颗粒大小一致。

欢迎选购湘科版图书

小康家园丛书

谷类食品加工法	9.0元	蔬菜食品加工法	14.0元
水果食品加工法	11.8元	薯、豆及油料作物食品加工法	10.5元

农业病虫害防治丛书

鸡鸭鹅病防治图册	15.0元	猪病防治图册	14.0元
花木病虫害防治图册	18.0元	鱼病防治图册	14.0元
牛病防治图册	15.0元		

无公害养殖技术丛书

生猪养殖	14.5元	鱼类养殖	18.0元
肉牛养殖	14.5元	鸡养殖	16.5元
山羊养殖	15.0元	龟鳖养殖	12.5元
肉兔养殖	14.0元	淡水蟹虾养殖	13.0元
鸭养殖	13.0元	黄鳝养殖	11.5元

健康养殖技术问答丛书

生猪健康养殖技术问答	16.8元	名优水产健康养殖技术问答	16.0元
家禽健康养殖技术问答	12.0元	观赏鱼类健康养殖技术问答	11.8元
牛羊兔健康养殖技术问答	14.5元	宠物健康养殖技术问答	18.0元
淡水鱼类健康养殖技术问答	17.5元	健康养殖与经营管理	12.8元
特种经济动物健康养殖技术问答	10.5元		

农业新技术普及读物丛书

雪峰乌骨鸡养殖技术	15.5元	淡水主要养殖品种鉴别与评价	6.5元
野葛栽培与研究利用	10.0元	农家生态龟鳖养殖技术	6.8元
庭院果树无公害栽培	13.5元	农家常见禽病防治	8.0元
湖泊养蟹技术	9.0元	农家常见牛羊病防治	8.8元

畜禽饲料基础与科学应用	5.5元	常用水产饲料、渔药品质识别与	
蔬菜配送与超市经营	5.5元	使用技术	6.0元
高山反季节蔬菜栽培技术	5.0元	水库生态渔业实用新技术	8.5元
塑料大棚的类型与应用	7.0元	优质高效山塘养鱼新技术	5.0元
柑橘修剪新技术	8.0元	芽苗菜生产技术	6.0元
主要果树周年管理技术	12.0元	畜禽养殖场规划与设计	8.0元
优良果树新品种推介	16.0元	家畜品种改良实用技术	13.0元

野生动物家养系列丛书

驼鸟家养技术	7.0元	野猪家养技术	7.0元
孔雀家养技术	7.0元	野鸡野鸭家养技术	7.5元

无公害种植新技术丛书

茄果类蔬菜无公害栽培技术	8.0元	水稻无公害高效栽培技术	8.0元
瓜类蔬菜无公害栽培技术	10.5元	特色红薯高产栽培技术	8.5元
豆类蔬菜无公害栽培技术	8.0元		

其　　他

无公害农产品认证手册	25.0元	花木经纪指南	15.0元
发酵床养猪新技术	25.0元	木材材积手册	11.0元
草业技术手册	22.0元	实用家庭节能妙招	16.0元

邮 购 须 知

　　▲请用正楷清楚填写详细地址、邮编、收件人、书名、册数等信息。我们将在收到您汇款后的三个工作日之内给您寄书（汇款至收书约20天左右，节假日除外）。

　　▲凡邮购都可享受9折优惠，购书数量多者可享受更多优惠。读者一次性购书30.00元以下（按打折后实款计算），仅须支付邮费3.00元；一次性购书30.00元以上免邮资。

　　▲邮购服务热线：0731－84375808，84375842。传真：0731－84375844。联系人：曾曲龙金凤，邮箱：hnkjchs@126.com

　　▲邮局汇款：邮编410008　　湖南长沙市湘雅路276号　　湖南科学技术出版社邮购部